学习改变命运，励志点亮人生

杰出青年必读

励志经典

博 文 编著

光明日报出版社

图书在版编目（CIP）数据

杰出青年必读励志经典 / 博文编著 . ﹣﹣北京：光明日报出版社，2011.6（2025.1 重印）

ISBN 978-7-5112-1114-9

Ⅰ.①杰… Ⅱ.①博… Ⅲ.①成功心理—青年读物 Ⅳ.① B848.4-49

中国国家版本馆 CIP 数据核字 (2011) 第 066116 号

杰出青年必读励志经典

JIECHU QINGNIAN BIDU LIZHI JINGDIAN

编　　著：博　文

责任编辑：温　梦　　　　　　　　　　责任校对：文　蘂

封面设计：玥婷设计　　　　　　　　　封面印制：曹　净

出版发行　光明日报出版社

地　　址：北京市西城区永安路 106 号，100050

电　　话：010-63169890（咨询），010-63131930（邮购）

传　　真：010-63131930

网　　址：http://book.gmw.cn

E－mail：gmrbcbs@gmw.cn

法律顾问：北京市兰台律师事务所龚柳方律师

印　　刷：三河市嵩川印刷有限公司

装　　订：三河市嵩川印刷有限公司

本书如有破损、缺页、装订错误，请与本社联系调换，电话：010-63131930

开　　本：170mm×240mm

字　　数：192 千字　　　　　　　　印　张：15

版　　次：2011 年 6 月第 1 版　　　　印　次：2025 年 1 月第 4 次印刷

书　　号：ISBN 978-7-5112-1114-9

定　　价：49.80 元

前　言

Preface

　　青年时期是人生中最美好的黄金时期，也是一个人性格特点、价值观念、处世态度、思维方式等趋于成熟的重要阶段。每个步入这一时期的青年朋友心中都充满着对美好未来的热切向往，渴望着在自己的人生画卷上画下精彩的一笔。然而，由于缺乏人生经验和社会阅历，青年人在这一时期常常会感到迷茫和困惑，容易被一些不良情绪所左右，对自己没有信心，怀疑自己的价值，害怕失败，逃避竞争，遇到挫折就垂头丧气，甚至找不到努力的方向和前进的动力。

　　每个人在青年时期都有过类似的经历，为什么只有少数人最终拥有了成功的人生，而多数人却碌碌无为，终其一生？这并不是因为多数人缺乏知识、能力和机遇，或许只是因为他们有了知识却不知怎么用；或许只是因为他们不知如何制订适合自己的人生目标；或许只是因为他们不知如何充分挖掘自身的潜能；或许只是因为他们不懂得如何运用自己的智慧……成功的素质和成功的技巧并不是什么高深莫测的东西，它们完全可以通过自身的努力而获得。你的努力需要有一定的方向，需要一定的专业指导。

　　鉴于此，我们在广泛研究世界各国成功学大师思想精髓及其著作的基础上，悉心编撰了这本《杰出青年必读励志经典》。本书综合了世界上最伟大的励志大师的 10 部经典著作，包括戴尔·卡耐基的《人性的优点》、拿破仑·希尔的《思考与致富》、

1

安东尼·罗宾的《唤起心中的巨人》等。这些作品被译成几十种语言，风靡全球，影响和改变了无数人的命运，被公认为成功人士的启示录。它们从认识自我、转变心态、发掘潜能、培养习惯、塑造性格、制定目标、积极行动、跨越障碍、挑战逆境等方面，全面阐述了成功者应具备的素质和技巧，以帮助青少年解决课本上找不到答案的人生难题，树立正确的人生观和价值观，甚至了解人生的意义。

学习改变命运，励志点亮人生，本书将带给你奋进的动力，鼓励你前进的步伐；为你提供建议和指点，帮助你在迷惘时及时找准方向；激发你内心对进步和成功的渴望，指导你找到人生的定位、奋斗的目标和处世的宗旨。这本书不仅是青少年成长的良师益友，同样是一本献给所有父母的教子课本，更是一本所有成年人的修身指南。

目　录

Contents

第一部　天生赢家 /1

扩大你所理解的成功的范畴，能够认识自我和增强与他人的关系也是一种成功。你生来就具备成功所需的一切素质。

第二部　呵护心灵 /41

在一种快速发展的生活中，心灵无法得到净化，因为产生共鸣、接受事物并仔细消化事物，都需要时间。

第三部 一生的资本 /61

体力和精力是我们一生成功的资本，我们应该阻止这一资本的无效消耗，要汇集全部的精神，对体力和精力作最经济、最有效的利用。

第四部 唤起心中的巨人 /89

不管你是谁，你都是自己一生当中最重要的人。你的生命潜能如同一座取之不尽、用之不竭的宝藏。

第五部 你是第一位的 /115

为了获得幸福，你需要把自己放在第一位！

第六部 人性的优点 /137

忧虑是人类的凶猛之敌，它容易引发溃疡、心脏病、高血压等疾病，危害人体健康。永远不要对敌人心存侥幸，我们要坚决地消灭它。

第七部 思考与致富 /157

增强思考的能力，并且形成获取宇宙间智慧的能力，就能致富。

第八部 最伟大的力量 /171

许多人的一生都在无奈与困境中度过，原因就在于他们没有认识到自己身体内部所潜藏的最伟大的力量，而这种力量就是选择的力量。

第九部 向你挑战 /181

挑战自我具有神奇的力量，它将让你的人生进入前所未有的成功状态，让你变得更加自信，变得对一切更富有激情，让你在困境中获得可以战胜一切的勇气。

第十部 迈向巅峰 /217

人们不可能漫无目的地溜达到珠穆朗玛峰的峰顶，如果你不具体规划自己何去何从，你就无法前往任何地方。

第一部
天生赢家

提炼自《天生赢家》（缪丽尔·詹姆斯、多萝西·扬格沃德著）

【关于本书】

詹姆斯和扬格沃德合著的《天生赢家》所针对的读者本来是相当专业的心理学者，但这本书出版30多年以来已经售出了超过400万本，被译成了18种语言，这是作者没有想到的。

【点亮心灯】

1. 扩大你所理解的成功的范畴，能够认识自我和增强与他人的关系也是一种成功。你生来就具备成功所需的一切素质。

——《天生赢家》

2. 自知正确，就大胆地尊重自己。凡是自强不息者，最终都会成功。只要你能够自信，别人也就会信你。

—— 歌德

▉ 认识你自己

世界上最重要的事莫过于认识你自己

据说，在古希腊帕尔纳索斯山南坡的殿门上，写着这样一句话："认识你自己。"人们认为这句格言就是阿波罗神的神谕。古希腊哲学家苏格拉底最爱引用这句格言教育别人。法国思想家蒙田也指出：世界上最重要的事就是认识自我。如果你连自己都认识不清，那么可以断定：成功离你还遥遥无期。对自己认识不清，往往还会导致悲剧的发生。请看下面这则寓言。

一只老鹰凌空而下，攫走一只大羊。这时，一只乌鸦看见那只老鹰的英姿，不禁心生嫉妒，于是暗下决心要赢过它。

乌鸦用力拍着翅膀，在空中飞绕了几圈后俯冲而下，想攫起一只大羊。不幸的是，它不但无法攫起这只大羊，它的爪反而缠在羊毛里，尽管它用尽力气拍着翅膀，仍无法让自己脱离。

这时，牧羊人跑过来，将乌鸦捉住，带回家送给他的孩子们了。

他的孩子看了问："父亲，这是什么鸟？"

牧羊人回答说："依我判断，这是一只乌鸦；但是它却自以为是老鹰。"

实践经验告诉我们，误判自己的能力，往往会招致失败的结果。

20世纪最伟大的人生导师戴尔·卡耐基指出：每一个人都应该努力根据自己的特长来设计自己、量力而行。根据自己的环境、条件、才能、素质、兴趣等，确定前进方向。不要埋怨环境与条件，应努力寻找有利条件；不能坐等机会，要自己创造条件；拿出成果来，获得了社会的承认，事情就会好办一些。从事科学研究的人不仅要善于观察世界，善于观察事物，也要善于观察自己，了解自己，进而认识自己。

认识你的大脑

人的大脑分为左右两个半球。1970 年，美国加州理工学院的心理生物学教授斯佩里通过实验发现，人的左、右半脑有明显分工。他也因此获得了 1981 年度的诺贝尔生理学奖。

斯佩里 1976 年发表的临床实验报告表明：人的左脑（管理支配人体右半边的运动和感觉）主要负责逻辑理解、记忆、时间、语言、判断、排列、分类、分析、书写、推理、抑制、五感（视、听、嗅、触、味觉）等，思维方式具有连续性、延续性和分析性。因此可以称作"意识脑"、"学术脑"或"语言脑"。而右半脑（管理支配人体左半边的运动和感觉）主要负责空间形象记忆、直觉、情感、身体协调、视觉、美术、音乐节奏、想象、灵感、顿悟等，思维方式具有无序性、跳跃性、直觉性等。斯佩里认为右脑具有图像化功能，如企划力、创造力、想象力；与宇宙共振共鸣功能，如第六感、透视力、直觉力、灵感、梦境等；超高速自动演算功能，如心算、数学；超高速大量记忆，如速读、记忆力。右脑像万能博士，善于找出多种解决问题的办法，许多高级思维功能取决于右脑。只有把右脑潜力充分挖掘出来，人类无穷的创造天赋才能够得以表现。所以右脑又可以称作"本能脑"、"潜意识脑"，或"创造脑"、"音乐脑"、"艺术脑"。

你是左脑型人才，还是右脑型人才呢？下列试题答"是"70% 以上就是右脑型人才。

(1) 孩提时，与阅读故事和传记相比，更爱欣赏图表。

(2) 能自由使用左手（左撇子）。

(3) 欣赏书画和风景时，容易感动。

(4) 对扑克牌的各种游戏钻劲很强。

(5) 有吃佳肴的嗜好。

(6) 爱好遐想各种各样的事。

(7)粗率地订计划，匆匆行事者。

(8)不拘谨于惯例。

(9)爱从书本中挑出喜欢的章节看。

(10)办公桌上略散乱的人。

(11)一有问题就在脑里连打几个问号。

(12)喜欢搞塑料模型并且爱在星期天干些木工活之类的琐碎事。

(13)爱好古典音乐、爵士音乐。

(14)对流行的事物敏感。

上面14个问题，你只要有10个以上的肯定答案，你基本就是右脑型的人才。

有些科学家通过实验证明，当综合运用全脑进行学习、读书、思维活动的时候，大脑的效率是最高的。

美国曾对全美数学家和化学家进行过一项调查，这项调查是关于创造性思维的，竟有超过4/5的人确定他们在发明、发现时，得到过右脑直觉和顿悟的帮助。

阿基米德定律就是这样被发现的。国王怀疑皇冠的黄金成分里有银，让阿基米德解答这个问题。这个问题确实困扰了阿基米德好一阵子。某日，阿基米德在浴盆中坐下，发现水面升高了，上升的体积等于他的身体浸在水中的体积。他突然联想到其实只要能够测出皇冠的体积，就能用质量除以体积，得出皇冠的密度，弄清是否有银。于是他激动万分，从浴盆中跳出来，马上动手实验。

在科学发现的历史上，充满了类似的事例。富兰克林从一只掉进酒杯的苍蝇，发现了保存生命的银行——氮液；而妻子的一次被电击，又使他发明了避雷针。

可见，创造性的直觉和顿悟来自右脑，这是思维的第一阶段，是创造性思维的基础和前提。

根据美国科学家唐兰斯的统计表明，古今具有创造才能的人都是右脑型和左右脑综合运用型的人。因此，日本教育界提出要"进一步开发右脑"，甚至把开发国民右脑提高到"第二劳动力"的高度。

人的左、右半脑是靠胼胝体的 2 亿个神经元紧密联系的。美国心理学家奥斯丁发现：当人的左右脑较弱的一边受到激励而与较强的一边合作时，大脑的总效能不仅仅是 1+1=2，而是会增加 5 ～ 10 倍。

为什么我们能很快学会流行歌曲？它所包含的歌词、旋律、节奏，要比一段英语课文复杂得多。为什么我们背课文却不那么容易？英国《快速学习》的作者科林·罗斯对此现象的解释是：如果你听一首歌，左脑会处理歌词，右脑会处理旋律。因此，我们能轻而易举地学会流行歌曲，这并不是偶然的。你没有必要花很大力气去做这件事，你很快地就能学会，这是因为你的左脑和右脑都动员了起来——边缘系统中大脑的情感中心也加入了。

顶尖天才很少只具有单方面的才能。表现卓越的人经常是各方面都出类拔萃的。这正是他们善于用全脑的结果。

比尔·克林顿，美国前总统；比尔·盖茨，曾经的世界首富。两个比尔，一个是右脑是优势脑，克林顿情感丰富，乐于与人沟通，善于与人建立亲善关系；另一个比尔是左脑是优势脑，盖茨分析问题逻辑严密，对数学有特别的兴趣，他可以让个人电脑系统不断地更新换代。比尔·克林顿曾代表美国意志，他的言行曾影响着世界的局势；比尔·盖茨将个人电脑送到全世界每一个角落，开创了信息革命的新时代。两个人都很早就掌握了高效学习、阅读的本领，都有着超人的记忆力，都是左右脑合作成功的典范。

爱因斯坦的左脑和右脑都非常发达，他的小提琴演奏具有专业水准。右脑使他创造性地大胆想象，左脑的抽象能力使他善于进行逻辑推理，左右脑密切配合，创造出非凡的科学成果。他描述了他进行创造性思维的过程——先右脑后左脑。在右脑阶段中，利用右脑的流畅性及其功能，去把握视觉形式的复杂表象，最终进行成功转化。

因此我们要在我们的大脑中掀起一场全脑开发的风暴。

不仅要开发大脑储存信息的能力，而且要开发大脑处理信息的能力，更要开发创造性地处理信息的能力。

不仅要提高思维的敏捷性，而且要提高思维的广阔性、深刻性、灵活性、批判性、独创性，使思维品质得到全面提高。

不仅要开发主管分析思维、抽象思维、常规思维的左脑功能，而且要开发主管形象思维、创新思维、空间思维、综合思维的右脑功能，使左右脑得到协调和均衡发展。

针对每个人左右脑发育状况的不同，开发、动员全脑参与学习，充分发挥人类形象思维的巨大潜力，将抽象的知识形象化，既能使学习轻松惬意，又能提高阅读学习效率。

英国心理学家托尼·布赞认为，人脑由 1 万亿个脑细胞构成，每个脑细胞形状像最复杂的小章鱼。它有中心，有许多分支，每个分支又有许多连接点。在 1 万亿个脑细胞中，有 1000 亿个是活跃的神经细胞，每个神经细胞又可长出 2 万个树枝状的树突，以存储信息。每个神经细胞又都像一台高功率的电脑。

联合国教科文组织国际教育发展委员会在一份题名《学会生存——教育世界发展的今天和明天》的报告中总结了全球关于大脑研究的最新成果：

"近几年，我们在大脑的研究和生物化学方面所取得的突破，已经使我们更加清晰地和更加客观地理解了人类的行为、心理机制和学习过程。这些新发现显示了一个惊人的事实：人的大脑中还有很大一部分潜力未曾加以利用，而且根据某些权威的估计，这种未曾利用的大脑潜力竟高达 90%。"

是的，即使是像爱因斯坦这样伟大的科学家，他也只使用了大脑 1/10 的功能。而一般人的脑细胞有 95% 处于"冬眠"状态，还有许多人只用了 2% 的脑细胞。所以，有学者预言：一旦随着科学的发展能够更深入地了解脑构造和功能，人类将会为储存在自己脑内的巨大能力所震惊。如果能够充分利用，大脑可贮存的信息量相当于 5 亿本书。那么，人类在一生中完全可以轻松地掌握 40 多种语言，可以拿到 20 多个博士学位。

为了提高公众对脑研究的重视，美国国会命名 20 世纪 90 年代为"脑的 10 年"，并且由布什总统批准立法，这在美国历史上还是第一次。

1995 年夏，第四届世界神经科学大会在日本京都举行，会上提议把 21 世纪称为"脑的世纪"。

只用半边脑工作就如同用一条腿走路一样，只有一半残缺的智慧。一条腿走路与两条腿走路、飞奔相比，相差的效率不只是一半。如果你充分调动了整个大脑的能量，挑战、思索、创新就会充满你的大脑，你的注意力也会被吸引，结果是学得更快、记得更牢、用得更好。

正确地认识你自己

作为生命主体的个人，要创造成功美好的人生，必须对自我有一个清醒的认识，只有在认识自我的基础上，才能去发掘并锤炼一个"新我"，从而为成功缔造稳固的基础。

戴尔·卡耐基非常重视"自我实现"也即自我观，他认为"自我观"是决定人们各自行为方式的重要因素。每一个人，无论是聪明或愚蠢，贤良或奸诈，他的表现都是与其当时的"自我观"相符的行为。没有人会去做一件在当时他认为与自己的身份、年龄、性别、能力以及他本身任何一方面都不相宜的事情。就像穿衣服，你会选择和你的年龄、职业相称的服装，讲话时会选择和自己身份相称的词句，甚至外出吃饭也会选择与自己的社会地位、经济能力相称的场所……总而言之，每个人都会依照他的自我观点，来决定哪些事他可以做，哪些事情他不可以做，或是该怎样去做好一件事情。因此别人也就能够根据他通常所表现的行为，对他有所了解和认识。

如果某一个人对于自己各方面的印象，都和实际情况颇为接近，也就是说，他有着比较正确的"自我观"，那么他所表现的行为自然会很恰当。一般情况下，人们在自我认识的过程中，总是或多或少地存在着一定的误差。一个人之所以不易于建立正确的自我观，往往是因为许多方面的品质不能直接衡量，而间接得来的资料又不十分可靠的缘故。此外，另一个很重要的因素就是人们在进一步认识自我的同时，是否能够接受自己，悦纳自己。

著名的爱尔兰戏剧家王尔德曾经说过："那些自称了解自己的人，都是肤浅的人。"这的确是无可争辩的事实，因为对每个人来说，要想完全认识自己，并不是一件容易的事情。正像有些时候，我们面对镜子里的自己会发出以这样的疑问：这是我吗？

7

人的一些复杂的品质，是目前还没有办法可以直接度量的。于是人们就得经常利用间接的方式来获取一些对自己的印象。而通常最普遍的方式，就是利用实际的工作成绩，利用自己与别人相比较的结果，把自己同某个理想的标准相比较，或是根据别人对自己的态度等来进行推断。这就是通常所说的认识自我的 3 种方法。

(1) 实际成果检验法。

我们可以凭借自身实际工作成果来评定自己。由于这种方法有比较客观的事实作为依据，所以通常由此而建立的自我印象也是比较准确的。但这里所说的工作成果是广义的，并不仅限于日常的工作或学业的成绩。

由于每个人所具有才能的性质各不相同，如果只是看他们在少数项目上的成就，往往不能全面地衡量一个人的能力与作用。很多时候，一部分人的某些才能或许因得不到施展的机会而被埋没。

(2) 比较检验法。

运用这个方法，我们除了要不时和四周的人相比较之外，还要经常与某些理想的标准相比较。从父母、教师以及各种传播渠道处，我们获得了大量的知识与价值观念，并由此形成了若干的理想与模范标准。我们知道了很多名人或成功者的事迹，并被教导要以他们为榜样。也就是说，把他们作为比较的对象，以自己能否达到跟他们同样的标准作为成功或失败的衡量尺度。这种现象在我们的日常生活当中屡见不鲜。

然而，比较检验法虽然是简便常用的方法，但也还称不上是十分理想的方法。只要我们仔细地观察一下，就不难发现它的缺点。首先应该指出的，就是人们很难在真正公平的情况下互相比较。通常人们评价同在一个班级的学生，会认为他们都是由同一位教师教导，用同样的题目考试，计分标准也没有差别，应该可以算是公平的了。但是如果我们再认真地分析一下，就会发现每一个班级里的学生与其他学生之间，无论在身体条件、智力水平，还是在家庭环境、个人经历等各个方面都有差别，有的甚至差别很大，因而学习的成绩，必将有所差异。那么这时互相比较的结果，就不能说是完全合理的。

(3) 人际反馈法。

每个人总是在跟别人交往、共处，因而别人对你的态度，相当于一面镜子，可以用以观测到自身的一些情况。比如某人若是被父母所钟爱，被师长所重视，被朋友所尊重和喜爱，大家都乐于和他交往，愿意和他一道工作或游戏，那就表明他一定具备某些令人喜爱的品质。如果他经常被大家推举承担某项工作，或是经常成为周围人们求教的对象，则表明他具备某些领导才能，或是在某些方面超越了其他人。反之，如果一个人不被周围的人所重视和喜爱，甚至大家对他有厌恶感，不喜欢与他一起工作或活动，这虽不足以说明此人满身缺点，但通常情况下，他会感到不安，而不得不自我反省一下了。

我们因为看不见自己的面貌，就得照镜子。同样，当我们无法准确地衡量自己的人格品质和行为时，就得利用别人对我们的态度和反应，来获取一些正确的自我认识。一般来说，当对方与自己的关系愈密切时，他的态度也愈有影响力。

以上几种认识自我的方法虽然都有一定的局限性，但如果综合起来，对于较为全面地进行自我认识，还是很有帮助的。尽管要完全彻底地认识真正的自我是一件较为困难的事情，但我们仍然应当尽力去了解真实的自己。

任何一位成功者，必定对自己有一个清醒而正确的认识。谁若看不清自己，必将成为一个失败者。

能够改变的人只有你自己

"我是谁？"对这个问题清晰的理解与认识就是你的个性。如果你有一个清晰的自我认识，那么你便不会被别人贴上标签。你不应被自己所做的工作、所住的房子、所开的汽车或是所穿的衣服限定住，你不是这些东西的总和。成功者相信的是自己，他们取得成功的潜力不是在于信赖自己的身份或地位，而是在于信赖自身实现目标的信心。

有这样一个主教，他在临终前对自己的妻子反省说："年轻时我决心改造这个世界，我到过许多地方，向人们讲述如何生活和应该做什么的道理，可是看来是没有起到什么作用，因为没人听我说什么。于是我决定先改变我的家人，但是使我迷茫的是，甚至是我的家人对我的话也不理会，他们也没有发生任何我所希求的变化。"他停顿了一下，叹息道，"直到我生命的最后几年，我才认识到，我真正能够影响到的唯一的人就是我自己。如果我想改变这个世界，那就应该从改变自我开始。"

无论你的志向是什么，通向成功的道路只能是你自己前行的道路。不错，你前进的道路上会有你的队友、家人或同事，但从某种意义上说，这是一种孤独的施行，没有任何人能替你前行。同样，如果你想成为一个赢家，无论你从事的是什么职业，你都必须靠自己的努力去取得成就，通过自己才能的发挥来实现目标。没有人能替你减肥，没有人能给你一个健康的身体，这都是你自己的职责。

成为完整的个人并不意味着要与外界隔离，而是要确立你是谁，并选择你要成为的对象。只有这样，你才能具备你以前从不敢梦想的成功潜力。也许你会认为，必定成功的声明过于"理想化"。其实不然，这个法则提示的只是，确定你想要达到什么目标，对此问题认识的深浅决定你的力量的大小。只有你自己能确定你的成功是什么。下定了决心并不能确保成功，但是没有决心则肯定会失败。

你就是第一名

每个人在一生之中，或多或少总会有怀疑自己，或自觉不如人的时候。研究自我形象素有心得的麦斯维尔·马尔兹医生曾说过，世界上至少有95%的人都有自卑感，为什么呢？

电视上英雄美女的形象也许要负相当大的责任，因为电视对人的影响实在太大了。

我们的问题就在于我们太喜欢拿自己和别人比较了。其实，你就是你自己，压根儿不需要拿自己和其他任何人做比较。你不比任何人差，也不比任何人好。造物者在造人的时候，使每一个人都是独一无二，不与其他任何人雷同的。你不必通过拿自己和其他人比较来决定自己是否成功，而是应该拿自己的成就和能力来决定自己是否成功。

被誉为"成功学之父"的拿破仑·希尔指出：在每一天的生活中，如果你都能够尽力而为、尽情而活，你就是"第一名"！

许多人都喜欢看 NBA 的球星博格斯上场打球。

博格斯身高只有 1.6 米，在东方人眼里也算矮个子，更不用说在即使身高 2 米都算矮的 NBA 球队里了。

据说博格斯不仅是现在 NBA 里最矮的球员，也是 NBA 有史以来破纪录的矮子。但这个矮子可不简单，他是 NBA 表现最杰出、失误最少的后卫之一，不仅控球一流，远投精准，甚至在高个云集的赛场上带球上篮也毫无畏惧。

每次看到博格斯像一只小黄蜂一样，满场飞奔，球迷们心里总忍不住赞叹。他不只安慰了天下身材矮小而酷爱篮球者的心灵，也鼓舞了平凡人内在的意志。

博格斯是不是天生的好手呢？当然不是，他的成功来自意志与苦练。

博格斯从小就长得特别矮小，但他非常热爱篮球，几乎天天都和同伴在篮球场上玩耍。当时他就梦想有一天可以去打 NBA，因为 NBA 的球员不只是待遇好，而且也享有极高的社会评价，是所有爱打篮球的美国少年最向往的梦。

每次博格斯告诉他的同伴："我长大后要去打 NBA。"所有听到他的话的人都忍不住哈哈大笑，甚至有人笑倒在地上，因为他们"认定"一个身高才 1.6 米的矮子是绝不可能打 NBA 的。

他们的嘲笑并没有阻断博格斯的志向，他用比一般高个人多几倍的时间练球，终于成了全能的篮球运动员，也成了最佳的控球后卫。他充分利用自己矮小的优势：行动灵活迅速，像一颗子弹一样；运球的重心最低，不会失误；个子小不引人注意，抢球常常得手。

美国发明家爱迪生在介绍他的成功经验时说："什么是成功的秘诀，很简单，无论何时，不管怎样，我也绝不允许自己有一点点灰心丧气。"博格斯不怕别人取笑，永不放弃，所以创造了自己的奇迹。

每个人都应该坚信：你生来就是第一名！至于你能否成为真正的 No.1，那就要看你是否懂得充分利用外界条件，来开发自己的潜能了。

相信你自己

相信自己是独一无二的

在儿童时代，我们就常常被告知，雪花是独一无二的，没有任何两片雪花是相同的。我们的指纹、声音和DNA也是如此。因此可以肯定，我们每一个人都是独一无二的个体。

畅销书《世界上最伟大的推销员》的作者奥格·曼狄诺说："我是自然界最伟大的奇迹。自从上帝创造了天地万物以来，没有一个人和我一样，我的头脑、心灵、眼睛、耳朵、双手、头发、嘴唇都是与众不同的。言谈举止和我完全一样的人以前没有，现在没有，以后也不会有。虽然四海之内皆兄弟，然而人人各异。我是独一无二的造化。"然而，尽管我们知道历史上从没有完全像我们一样的人存在过，但我们还是习惯于将自己与别人相比。我们把他们作为标准来衡量自己的成功，我们常常在报纸上读到某人取得了伟大的成就，然后再拿他来与自己相比，发出感叹：看人家那么年轻就取得了成功，我和人家比已经老了，成功也离我远去了……其实这种比较是毫无意义的，因为你根本不知道别人在生活中的目标、动力，以及独一无二的能力。别人有别人的才干，我们有我们的才干。我们常常认为才干就是音乐、艺术或智力方面的天赋，但实际上我们人人都具有某种奇妙的、至今仍被忽视的才干，比如：诚实厚道、善解人意、擅长交际等等，它们是可以帮助我们取得成功的强有力工具。

如果你明白以上道理却仍然执迷不悟，不断地拿自己与别人相比，那么只能使你对自我形象、自信以及你取得成功的能力产生怀疑。现在，是你必须回头的时候了。许多成功学大师告诉我们：摆脱这种无谓的苦恼的正确做法是，向一个人请教你的能力是否得到了充分开发，而这个人就是你自己。

人都是独一无二的，而使我们独一无二的标志就是：我们通过思想意识的作用在自己内部带来变化的能力。我们对自己的认知、对自己的定位以及我们将要实现的目标决定着我们在这个世界上独特的位置。

　　科学家认为人 50% 的个性与能力来自基因的遗传，这意味着另外的 50% 不取决于遗传，而取决于创造与发展，也就是说我们每个人都还有很大的可塑性。如果能够做到这一点，你最希望的变化是什么？当然，我们必须承认有些事情是我们无论如何积极思考也无法改变的，比如身高、眼睛的颜色、肤色等，但是我们却可以改变自己的内涵。一个品质优良的人和一个品质恶劣的人站在一起，即使他们的身高、眼睛的颜色、肤色等都一样，但是从他们所流露出的气质，我们还是可以将他们分辨出来的。常常听到有人说："我没有什么特别。"实际上，人人都是很特别的，但如果你不相信这一点，那么你便没有什么特别之处了。

　　设想一下婴儿的情形，婴儿受到极大的赞美和无限的喜爱，大人说他如何了不起，用这种积极的、强化了的信息来发展他的心灵。但是，随着年龄的增长，这个过程会被慢慢地抑止下来。这里一个极为特殊的因素是我们逐渐学会了协调与适应。当我们出去玩耍时，我们不愿使自己突出于人群，不愿自己与别的孩子有什么不同，我们成了一个普通人，因此，同化过程是我们在童年时代学到的东西。这是决定着我们自我形象发展的时期，在以后的生活中我们寻求停留在这种形象的界限之内，因为这样最安全。然而我们忘却了改变自己的能力。

　　工作中的情况与此相似，公司里的人们也总是循规蹈矩。但当我们把目光投向起初觉得不怎么样的个体公司——快餐店时，我们就会惊喜地发现它们在品牌意识、顾客接待与整体形象方面与其他国营公司有小小的不同，这正是它们的卖点，使它们在残酷的竞争中有自己的优势。最终成功的公司都知道小细节处可以做大文章，它们有自己独一无二的企业形象，并把这种形象与品牌意识和售后服务结合起来。

　　从一定意义上说，你也是如此。如果认定了自己的独特之处，你同样也能成就你独一无二的形象，也可以创造出你自我的特殊品牌。现在想一想用一个肯定性的词语来描绘你身上令你自豪的地方，这是确立你自己的形象的第一步——不仅是现在的你，而且是你想成就的未来的你——这就是于细节处做大文章的道理。

　　相信你自己是独一无二的，如此，你便能够成为真正的独一无二的个体。

相信自己是命运的主宰

一些有宿命论的人盲目地相信，一个人一生的事，早在呱呱坠地的时候就已经由上天决定好了，所以是"落地喊三声，好歹命生成"，而跟个人的努力是完全无关的。如果上天决定了他的好命运，即使他们不去做事，像一条懒虫似的生活，他的命运也会好起来的，做事是多余的；如果他的命运不好，即使他焚膏继晷，夜以继日地苦干，也是不会获得什么好处的，上天早就决定了他一生艰苦，辛勤劳作又有什么用处呢？

所以在这些人眼里：富翁是天生的，一生下来他便是个富翁；领袖人物是天生的，他们降生时一定带点儿什么征兆；中等人家是天生的，他们只落得一生温饱；强盗歹徒是天生的，他们是魔鬼的工具；一生受苦的人是天生的，他们是世人的奴隶。这就是典型的宿命论。

大诗人维吉尔对于宿命论是不相信的，他在诗中写道：

能洞察万物的因果，

并敢于践踏一切忧愁；

亦能忽视命运的苛酷，

而超越世上的利害争斗，

此而谓至高幸福！

有智慧的人不会相信宿命论，他们看得高、看得远、看得准，他们要从社会学的角度来看这个世界，他们要从科学的角度来看这个世界，他们要从哲学的角度来看这个世界，至少，他们肯定了一个概念：

"我们是命运的主宰！"

其实，所谓遇与不遇，是有着许多客观因素的。如果忽视了这些客观因素，而硬说是自己的命运不好，那是绝对错误的。一个人所谓的顺境与逆境，其实存在着主观和客观两方面的因素：主观方面是关于我们的学识、品质、经验、才干这些东西。如果我们的学识和才干是多方面的，那就能够承担烦琐艰巨的工作；品质方面纯正良好而且具有很好的信用，即使经验较差一些，也是容易找到出路的，这种人在生活当中就会顺境多逆境少了，而且能够比较容易地实现成功的目标。

另一种人的才干、知识和经验都很好，但品质差，特别是信用方面最成问题。这样，他们的遭遇便不会好，这种人就逆境多顺境少，很难取得成功。

还有一种人因为在工作中常常恃才傲物，替自己搬来一大堆绊脚石，使得自己寸步难行，这类人的境况也不会好，因为他树敌太多，使他无法争取到更多的朋友，就更不用说取得成功与成绩了。

在客观方面，也有很多意想不到的事，所以连许多著名的贤人，也终生郁郁不得志，就是这个道理。

我们了解了这种所谓顺境与逆境的关系，便可以清楚知道，命运是不可靠的，如果迷信命运，那么我们便会走上一条崎岖难行的绝路。大音乐家贝多芬患有耳疾，他自己听不到美妙的乐曲，但他的乐曲却使得千千万万的人获得安慰。这到底是贝多芬的不幸还是他的幸运呢？作为一个失聪者，他是极其不幸的；作为一个万民爱戴的音乐大师则是他的幸运。英国女诗人勃朗宁夫人下肢瘫痪，这是她的不幸；但她的诗篇却使她赢得世界声誉，全世界喜爱文学的人们都读过她的诗篇，或听过她的名字，这是她的幸运。美国天才作家爱伦·坡，在有生之年，生活是极其艰苦的，而且常常挨饿，这是他的不幸；但今日，爱伦·坡的影响，却是文学界中无法磨灭的印迹，这是他的幸运。

俄罗斯大作家陀思妥耶夫斯基的一生中，有一半的时间是在监狱和贫民窟中度过的，而且有一次还上了断头台，在临刑前一瞬获得特赦，这是他的不幸；但他留存下来的著作，却令他享誉世界，这又是他的幸运。如果我们能够以这种辩证的观点去看待顺境和逆境，我们便会心安理得地去面对一切不幸；同时也会毫不自满地去迎接一切成就。

我们应该肯定：我们是命运的主宰！

我们应该有信心：我们永远不向命运投降！

我们应该满怀希望地相信：我们在不久的将来，日子会过得更美好！

据说，美国大作家欧·亨利的右手上有一条"成功线"，从右掌下端直透中指。这条掌纹线在掌相书上有记载："拥有它，一个人如果是从事某一行专门的技术，那他就可以获得成功！"

欧·亨利是写短篇小说的，写作可以算是"一行专门的技术"，所以，他获得了巨大的成功。

从这样的分析上看，似乎确实合情合理。因为欧·亨利掌上有一条成功线，又因为欧·亨利是专门从事写作的，所以，欧·亨利就获得了成功。

但如果我们细心一想，又觉得这番话很玄妙，似乎缺少什么根据。

欧·亨利在从事写作之前，从事过很多行业，有一阵子，他还做过药剂师。按理说，药剂师似乎比写作更为专业化吧，为什么欧·亨利不能成为一个著名的药剂师，却能够成为一个名作家呢？那些相士们不敢加以解释了。即使他们要加以解释也是无法自圆其说的。

又有人说，美国银行大亨摩根的手掌上有条成功线，所以他才能够成为一个"银行界的巨子"。但摩根先生却不相信这样的鬼话。

他说："我在这10多年间，仔细观察过自己的亲戚、朋友和职员的手掌，有这根成功线的，不下2000多人，但他们的境遇大部分都不太好，假如说，有成功线的人都可以获得成功的话，为什么这2000多人又是例外呢？根据我的观察，在这2000多个有成功线而不能获得成功的人中，有500多个人是懒汉，他们懒惰得什么事也不肯动手；其中至少有300多人是傻子，连ABC也读不出正确的读音来；至少有600多人想奋发图强，做一点事，但因为他们的人事关系处理得不好，或者因为他们本身根本没有学过什么专长的技能，或者因为他们刚在这项事业开了头之后受了一点点挫折，中途就放弃了。这样，他们的事业便失败了，而一生也只能在失败中度过。总之，手掌上有成功线的人未必会获得成功，其根源主要是在于他们本身的生理缺陷、技能缺陷和心理缺陷上，并不是什么冥冥的主宰使得他们成功或失败的！"

可能你不会相信，世界级大文豪巴尔扎克是个受尽歧视、满身债务、住在闷热的阁楼里、嚼着隔夜的硬面包，甚至在天寒地冻、寒风凛冽的时候，连买一点湿煤来取暖的钱也没有的人。有时候，他要连夜赶写稿件，蜡烛却没了，而袋中又掏不出一分钱来，他只好用一束线搓成一根烛芯，再找来以前用剩的烛油，放在一个小盏子里当蜡烛。但是，他最终却成为一名世界级的大文豪，时至今日，人们仍在捧读他的作品。

假如巴尔扎克认为贫困潦倒是命运的安排，他就会向命运举手投降了。但他不相信命运，向命运开战，并最终战胜了命运。

著名传记作家莫洛亚写道："我研究过很多在事业上获得成功的人的传

记资料，发现了一个现象，就是不管他们的出身如何，他们都有着一个共同点，永远不相信命运，永远不向命运低头。在对命运的控制上，他们的力量比命运控制他们的力量更强大，使得命运之神不得不向他们低头！"

著名诗人莱蒙托夫写过一首有趣的小诗：

命运之神是个小孩，
他顽皮地在天底翱翔，
他手上撑着一面黑网，
天真地撒向人们头上！
当黑网罩着人们的头，
人们便受到他的操纵！
他可以要人欢天喜地，
又可以使人满面愁容！
我永远不会相信命运。
我要用利箭将他射下，
我要大声向他宣布：
我才是自己命运的主宰者！

不必怀疑你自己

今天，一个非常让人失望的事实是，有太多太多的人不相信自己能够成功，反而质疑自己是否具有成功的能力，对于自己的一事无成，他们常常能找到各种借口、理由来搪塞。悲观主义、消极情绪，是我们时代的一个特点，弥漫在我们的社会当中。在很多人身上，我们看不到一点渴望追求成功的影子，相反，他们给人的印象倒像是某种力量的受害者。

怀疑主义是一切进步事业的死敌，也是个人追求自我完善的死敌。不相信自己的人，多半从来不能实现自己的梦想。要相信你自己，相信你的朋友、你的家庭，相信你所希望拥有的最终几乎都可以得到，相信你的成功是来自自己的努力，而非侥幸，相信你向生活投资一分，最终生活会回报你一分。

我们常常可以看到，两个智力相仿、才华相当的人，在自信心方面大相径庭。

17

那个能够借助自己力量前行的人，也是前进途中最有创造力、最高产的人。

不必怀疑自己的能力，你完全能够实现自己的目标，能够支配自己的思想并将其转化为最终的行动，能够消除前进路上各种外界的障碍和心理的恐惧。这一切都需要你相信自己。不要让自己沉浸在贫穷、失意、焦虑、不幸中不能自拔，相信自己，你就会迎来新的成功。

天生我才必有用

古人说："把自己太看高了，便不能长进。把自己太看低了，便不能振兴。"美国一位心理学家认为：多数情绪低落、不能适应环境者，皆因无自知之明。他们自恨福浅，又处处要和别人相比，总是梦想如果能有别人的机缘，便将如何如何。其实，只要能客观地认识自己，就能走出情绪的低谷。

有一位催眠师曾对一位身体强壮的男子施以催眠术，使他进入被催眠状态，然后对他说："你现在手上根本没有一丝力气，连一根铅笔都拿不起来！"果然，他真的连一支铅笔也拿不起来了！他已经把催眠师的语言变成了一种信念，他的行为是这种信念支配的结果。自卑者的情况也与此类似，只不过发出暗示的人是他自己罢了。

客观地认识你自己这当然是困难的，然而作为一个想正正经经做一番事业的人，首先对自己要有个正确的认识。比如说，你可能解不出那样多的数学难题，或记不住那样多的外文单词，但你在处理事务方面却有着特殊的本领，能知人善任，排难解纷，具有高超的组织能力；你在物理和化学方面也许差一些，但在写小说、诗歌方面却是能手；也许你分辨音律的能力不行，但却有一双极其灵巧的手；也许你连一张桌子也画不像，但却有一副动人的歌喉。在认识到自己长处的这个前提下，如果你能扬长避短，认准目标，抓紧时间把一件工作或一门学问刻苦地认真地做下去，久而久之，自然会结出丰硕的成果。你要相信：天生我才必有用！

柯南道尔作为医生并不著名，写小说却名扬天下——每个人都有自己的特长，都有自己特定的天赋与素质，如果你选对了符合自己特长的努力目标，就能够成功，如果你没有选对符合自己特长的努力目标，就多少会自己埋没自己。

人在生活中有成功也有失败。然而，传统观念使人们注意从失败中吸取教训，而不注意对成功的研究，所以失败在人的心理上留下的印痕更深。倘若一个人失败的次数多了，就容易把自己看得一无是处。

20世纪初美国著名成功学奠基人和最伟大的成功励志导师奥里森·马登指出：一个全面而客观的自我认识应该包括成功和失败两部分。自卑者一旦把视野拓宽或换一个角度来看，就会突然发现一个完全不同的自我。请记住心理学家罗伯特·安东尼下面的这段话："将自己的每一条优点都列出来，以赞赏的眼光看看他们。经常看，最好背下来。将注意力集中于自己的优点，你就会在心里树立信心：你是个有价值、有能力、与众不同的人。无论什么时候，你只要做对一件事，就要提醒自己记住这一点，甚至为此酬谢自己。"

在成才的道路上，不仅要认识自己，相信自己，而且还需要一点点勇气。

巴罗·罗特希尔德一生的座右铭是"勇往直前"，这也是世界上大多数成功者的成功秘诀。

据说法国大将军拿破仑亲率军队作战时，同样一支军队的战斗力，便会增强一倍。原来，军队的战斗力在很大程度上是基于士兵们对统帅的敬仰和信心。如果统帅抱着怀疑、犹豫的态度，全军便会混乱。拿破仑的自信与坚强，使他统率的每个士兵都增加了战斗力。

坚强的自信，往往能使平凡的男男女女，做出惊人的事业来。胆怯和意志不坚定的人即便有出众的才干、优良的天赋、高尚的性格，也终难成就伟大的事业。

一个人的成就，决不会超出他自信所能达到的高度。如果拿破仑在率领军队越过阿尔卑斯山的时候，只是坐着说："这件事太困难了。"那么他就永远不会越过那座高山。所以，无论做什么事，坚定不移的自信力，都是达到成功所必需的和最重要的因素。

坚强的自信，便是伟大成功的源泉。不论才干大小，天资高低，成功都取决于坚定的自信力。相信能做成的事，一定能够成功。反之，不相信能做成的事，那就决不会成功。

有一次，一个士兵骑马给拿破仑送信，由于马跑得速度太快，在到达目的地之前猛跌了一跤，那马就此一命呜呼。拿破仑接到了信后，立刻写封回信，交给那个士兵，吩咐士兵骑自己的马，迅速把回信送去。

那个士兵看到那匹强壮的骏马装饰得无比华丽，便对拿破仑说："不，将军，我只是一个平庸的士兵，实在不配骑这匹华美强壮的骏马。"

拿破仑回答道："世上没有一样东西是法兰西士兵所不配享有的。"

一个人如果不相信自己能做那从未做过的事，那么他就绝对做不成。只有领悟到这一点，并且不断努力，才能成为杰出的人物。所以，任何人都要有坚强的意志，要相信自己，要坚定"天生我才必有用"的意识。

接受你自己

不要逃避你自己

有一则英国寓言说：有一天，一个国王独自到花园里散步，使他万分诧异的是，花园里所有的花草树木都枯萎了，园中一片荒凉。后来国王了解到，橡树由于没有松树那么高大挺拔，因此轻生厌世死了；松树又因自己不能像葡萄那样结许多果子，也死了；葡萄哀叹自己终日匍匐在架上，不能直立，不能像桃树那样开出美丽可爱的花朵，于是也死了；牵牛花也病倒了，因为它叹息自己没有紫丁香那样芬芳；其余的植物也都垂头丧气，没精打采，只有顶细小的心安草在茂盛地生长。

国王问道："小小的心安草啊，别的植物全都枯萎了，为什么你却这么勇敢乐观，毫不沮丧呢？"

小草回答说："国王啊，我一点也不灰心失望，因为我知道，如果国王您想要一棵橡树，或者一棵松树、一丛葡萄、一株桃树、一株牵牛花、一棵紫丁香等等，您就会叫园丁把它们种上，而我知道您希望于我的就是要我安心做小小的心安草。"

也许有人认为，甘心做一棵"无人知道的小草"的想法过于消极。可是，在现实生活中，不可能人人都当船长，必须有人来当水手，重要的不在于你做什么，而是能否成为一个最好的你，并深深地接受你自己，不要逃避自己。

奥里森·马登曾讲述过一个发生在他童年时代的故事。这个故事说的是一个叫"翅儿"的女孩———一帮男孩的首领的经历。她自强自立，虽身有残疾，却从不逃避自己。

生长在纽约市的乱街小巷中，我的朋友们和我自己，都知道品尝那一带喧嚷的热闹而避免过挤的危险。篷车和马车隆隆地在那些狭窄的住宅街道上奔驰；我们拔腿飞奔，经常在巨大的车轮之间穿梭，避免受伤成了我们日常生活的一部分。

我们的童年就在这种拥挤的街上度过，其中可有不少的乐趣。我们常常跃入满是瓜皮果壳的东河，探出头来去看某条大船顺流而下。我们常常在杂乱的街头列队而行，那些推车的小贩有时会给我们一些吃的东西。我们是一个大声争吵的蜂窝——并不是为了什么而争吵，只是大声吵着好玩而已。

那些车子对我们而言的确非常危险。我们把闪避那些车轮当作一种富有男子气的运动，但一个叫玛丽的女孩却硬要加入我们的队伍。这是在我们承认她是我们帮中一员之前的事，那时，我们都尽量避免和她碰在一起。

一天，玛丽正在闪避一辆马拉的啤酒车，一只凶恶的狗忽然奔了过来，吓得那匹马一直向后急退。车轮的速度因而加快，并将玛丽撞倒在街上，她的右臂被夹在一辆篷车的两条轮轴之间。说来真是奇迹，她的胳膊却没有因此而被扯裂——但自此以后，她的这只胳膊却被固定而成一种可笑的 v 字形。它从肩头向外突出，小臂向内弯曲，指向她的腰部，正好构成一个 v 字。这个 v 字可以前后摆动，指头也略可以屈伸，但就是不能展臂。当她奔跑时，她的胳膊就像飞鸟的翅膀一般扑动着。因此，从那以后，我们都叫她"翅儿"。

"翅儿"很孤单，因为我们帮里的男孩都很残忍——都耻于与她为伍。这样的一种不幸，要是落在其他人身上，多半会一蹶不振，但玛丽却并不因此气馁。她仍是一个顽皮的姑娘，仍然穿着那种不成体统的顽皮姑娘所穿的衣服。她因为一个胳膊活动有障碍而无法再去东河游泳，因此，她只得在河边做漫长的散步。

　　这对许多人来说，他们多半会退入一个甲壳——把自己局限于幽静而又沉寂的房中，诅咒命运，痛恨世人，厌恶自己。但翅儿并没有这样做，她追求新的生活——在河边。

　　一个女孩在男孩和男人的天地中，往往会因为她的畸形臂膀而成为被取笑的对象，但翅儿没有否定她作为一个人的存在价值，她没有自暴自弃。

　　翅儿发现河滨世界，是在一个初夏的时候。商船驶进港口卸货；健壮的码头工人背负外来的货袋；工作辛勤的男人在阳光之下叫骂。

　　她喜欢看这些人工作，不久便和其中的一个码头工人做了朋友，那是一个靠血汗挣钱的男人，辛勤而又诚恳。当她自称是一个女孩时——她打扮得像一个非常顽皮的男孩——他感到非常惊奇。不过，他觉得她很有趣，其他的男士也有同感。他们会让她跑跑腿，叫她提水桶，拿工具。当她跑来跑去地以左臂提东西时，她的右臂便来回摆动起来。

　　不久，她成了一个有固定工作的女子，在东河码头跑上跑下。她赚到了午餐，同时还有薪金可拿。她做了她应该做的事情，也赢得了每一个人的敬重。

　　时至 10 月之末，干旱的气候来到，天气非常闷热。我们一帮孩子来到东河，跃下采沙船旁的河中。突然间，我们之中一个叫作瑞德的男孩大叫救命。他被夹在一只驳船和码头的当中。他的一只腿被卡住了，他非常恐惧。我们也很恐惧，万一来了一阵风把船吹向码头，那将会把瑞德挤扁——甚至送了他的小命。

　　我们都想搭救瑞德，但我们无计可施。他的处境很糟，而我们中只有一个人可以偶尔触到他，但却没有一个人有足够的力量把他拖离险境。有人去呼救。

　　救星来了。这便是翅儿，她奔跑而来，一只臂膀摇来摆去，好像稻草人被风吹着一般。我们叫她让开，但她在码头边沿上跪下，并且将左臂伸向瑞德，一下子将他拖出了危险区域。我们感到非常惊讶，简直不敢不相信自己的眼睛所看到的一切是真的。由于她为码头工人工作，使她的左臂特别发达，是她救了瑞德的命。

　　不久，这个残缺的、不受欢迎的小女孩，就被我们这帮孩子推为首领。最后，她终于赢得了我们的敬重。

值得一提的是，翅儿不但没有因为畸形而逃避生活，相反的，她却获得一种内在的力量——毅力，而这正是她以前所不足的一点。

最后，马登说："我之所以直到如今还记得她，不仅是因为她英勇地救了瑞德的命，同时也是因为她绝不逃避人生。以她小小的年纪，当情况变得令人痛苦难受时，却不肯退缩。我深深相信，只要她活着，她就会永远保持年轻和活力，并且永远会面对现实，接受自己，绝不妄想，绝不自恋。"

学会肯定你自己

我们每个人都不喜欢别人把自己看得很差劲，不喜欢别人对自己做一些虚假的评论。但是，你是否知道，与别人批评的话相比，一句自我批评的话的毁灭力要高出 10 倍。经常说自己不好的人，最后会相信他们自己说的话。一旦他们相信自己的话后，就会表现得自暴自弃。

如果人们给自己一些肯定的想法和评估，他们就会相信这些想法。给自己一些恭维，是增长自尊的方法。

不要养成妄自菲薄的习惯。要习惯于说自己的好话，你就会发现你还是比较喜欢自己的。

如果你总认为自己弱小、无能、会失败、低人一等，那么你就注定要成为一个平庸的人。

但是，换一种思维方式，即觉得自己很重要、能力很强、属于第一流，工作必定成绩显著。如果你这样想，那么你就会获得成功。

著名的成功学大师塞缪尔·斯迈尔斯指出许多人在一些细微的地方总是费尽心思，但却没有较大的目标。这种目光短浅的人，在生活中远不如心怀雄才大志者竞争力强。

当我们考虑到成功的时候，我们不会以大学学位、家庭背景及其他情况为标准，我们是以思想的远大与渺小为准绳的，我们思想的尺寸将决定成功的大小。现在，让我们来看看，怎样才能使我们的思想趋向远大。

你是否问过自己："什么是我最大的弱点？"也许，人类最大的弱点便是自我贬值——自己瞧不起自己。自我贬值的表现多种多样。比如说：某人在报纸上看到一个招聘广告，那正是他朝思暮想的位置。但是，他什么也没有干，因为他想："我不够格干这事，为什么要去自寻烦恼？"或者想与喜欢的姑娘约会，但却不敢打电话给她，因为他觉得自己配不上她。自古以来，哲学家们便已给我们一个极重要的忠告：接受你自己！但是，大部分人，却曲解了这句话的本意，他们往往是过多地看重自己的错误和短处。

知道自己的先天不足是一件好事，因为我们自己毕竟还有缺陷。但是，如果我们仅仅知道我们消极本质的一面，情况就很糟了。这就会使我们觉得，我们的生活价值不大。

下面是帮助衡量你真正价值的办法。

首先，了解你的5个主要长处。请几个客观的朋友来帮助寻找优点，他们将给予你真实的看法（最常见的优点多与教育、经验、技术、长相、和谐的家庭生活、态度、性格和主动性等有关）。

然后，在每个优点之下，写下3个人的名字，而这3个都是你认识的，已取得极大成功的人；但在这几个方面，他们却不比你做得好。

当你结束这一练习时，你会发现你超越了许多成功者，至少在某个方面。

通过这项练习，你能得出这样一个结论：你比你想象中的自我要伟大得多。为此，让你的思想跟上真正的你，再不要瞧不起你自己！赶快行动起来，改进你必须改进和能够改进的地方。你应该做的事情有以下3个方面。

（1）连根拔出所有的小气和报复心理。小气和报复倾向像花园中的野草，你用不着研究它们从何而来或是如何生长的，只需把它们连根拔除。经常做练习来决定一件事是否值得斤斤计较。正如林肯的哲学："我决不让任何人把我的灵魂拉低到仇恨的阶层中。"怨恨像肿瘤，它们会长大到最后吞噬你。

（2）向不诚实宣战。自尊心较低的人喜欢用谎言来增强他们的形象，但谎言会有相反的效果，它们会更加降低自尊心，说谎会剥夺我们的自尊自重，一无好处。相反的，诚实孕育起来的自尊心，会使你赢得许多朋友。

（3）使习惯为你所用而不是成为阻挠你的力量。习惯是一种自动反应的动作。经常做某事，它就会成为习惯。我们可以选择自己的习惯，正如我们选择食物一样。

学会欣赏你自己

荷兰画家林布兰特的一幅油画的售价，曾超过了百万美元，对此有人一定会问："到底是什么东西，使林布兰特的画这么值钱？"你可能会这样回答："首先，这显然是一幅很独特的油画，是林布兰特罕见的亲笔画，所以价高；第二，林布兰特是一位天才，这种天才每几百年才出现一个。"显然，那是因为他的才能受到肯定的缘故。

而我们要说的是，有史以来，亿万人曾经生活在这个地球上，但从来未曾有过、也将永远不会有第二个你。你是地球上一个具有独特性和唯一性的生物。这些特性赋予你极大的价值。你应知道，尽管林布兰特是个天才，但他也只是一个人而已。要知道，林布兰特的上帝，同时也创造了你，而且在上帝的眼里，你和林布兰特是一样珍贵的。

有这样一则寓言：孔雀向百鸟之王诉苦说："夜莺用它的甜美歌声使大家专注地聆听，但我只要一开口，听到我声音的人，便会当场嘲笑我，甚至把我当作笑柄。"

百鸟之王安慰它说："但是你在形貌上是那么的出众，你头上有绿宝石的光辉，而且你有华丽漂亮的尾巴用来开屏。"

孔雀说："但是我歌唱方面的缺陷把我的其他优点都掩盖了。这种哑口的美丽，对我又有什么用处呢？"

百鸟之王回答说："世上每一种生物都各有优缺点，你也不例外——你注定是美丽的；老鹰拥有的是力量；夜莺拥有的是歌声；喜鹊拥有的是吉兆；乌鸦是凶兆。而这些鸟类，对于它们所具有的才能都很满意，它们都懂得欣赏自己的长处。你如果不懂得这一点，只能在自怨自艾中走向灭亡。"

人类也是如此，若不懂得欣赏自己，只是一味地去追求不可得的东西，那是和自己过不去，最终等待你的就只有失败了。

要乐于接受自己

每个人都应乐于接受自己，既接受自己的优点，也接受自己的缺点。但事实是，绝大部分人对自己都持有双重的看法，他们给自己画了两幅截然不同的像，一张是表现其优秀品质的，没有任何阴影；另一张全是缺点，画面阴暗沉重，令人窒息。

我们不能将这两幅画像隔离起来，片面地看待自己，而是需要将其放到一起综合考察，最后合二为一。我们在踌躇满志时，往往忽视自己内心的愧疚、仇恨和羞辱；在垂头丧气时，却又不敢相信自己拥有的优点和取得的成绩。

我们应该画出自己的新画像；我们应该实事求是地接受自己、了解自己，我们所做的一切都不是十全十美的。很多人常常会过分严格地要求自己，凡事都希望完美无缺，像上帝那般要求自己，妄想自己能像上帝一般完美无缺，这是十分愚蠢的想法。我们每个人都是综合体，在我们身上都有批评家和勇士的某些性格特征。有时候我们希望支配他人、算计别人，快意于别人的痛苦，但你有足够的能力使这些恶劣品性服从于你人格中善良的一面。

有些人因为自己有时候具有消极的破坏性情感，就以为自己是邪恶的，于是一蹶不振，自暴自弃，这很让人惋惜。我们应该明白，少许的性格缺点并不能说明我们就是不受欢迎的人。恩莫德·巴尔克曾警告人类说，以少数几个不受欢迎的人为例来看待一个种族，这种以偏概全的做法是极其危险的。在今天，对人的个性采取以偏概全的做法，同样也是极具危险的，我们应该避免这种做法。我们对自己、对别人具有攻击性、怀有仇恨，这些情感是人性的一部分，我们不必因此就厌恶自己，觉得自己就像社会的弃儿一般。意识到这一点，我们就能在精神上获得超脱和自由。

如果我们能坦然接受自己的这些缺点，我们就不必戴着面具去生活，我们就会成为真正的自己。道德上的过于自负及苛刻的自我要求，都是你内心的最大敌人。我们要学会适当地宽容自己，要知道我们并不能像天使那样纯洁无瑕，能认识到这一点，我们才能保持内心的平静。

这种生活态度的形成，是不可能一蹴而就的。我们的进步是缓慢的、渐进的。纽约市的一名精神科医生遇到这样一个病人，他酒精中毒，已经为此治疗了两年。有一次，这个病人来看医生，要求进行心理治疗。病人告诉医生说，前两天他被解雇了。当心理治疗完毕后，病人说："大夫，如果这件事发生在一年前，我是承受不住的。我想自己本来可以做得更好，避免这类事情的发生，但却未能做到，为此我会去酗酒。说实话，昨天晚上我还这么想呢。但现在我明白了，事情既然已经发生了，就该正视它，坦然地接受它。失败就像成功一样，是人生中难得的经历，它是我们人生中不可避免的一部分。"

如果我们都能像这位病人一样，对自己也采取一种多元主义的态度，坦然接受生活的全部，那么我们就能够正确地看待各种不良心境。沮丧、残酷、执拗，这些都只是暂时的现象，是人的多种情感之一。要求自己完美无缺，怀有这种想法的人往往极其脆弱，他们常常会因为对自己过分苛刻而感到绝望。作为多元主义者，我们有时候可以将自己想象得更好一些，有时候把自己想象得差一点也无妨，我们不再要求自己完美无缺。每个人的性格中都有引起失败的因素，也有导致成功的因素。我们应有自知之明，把这两个方面都看作是人性的固有成分，接受它们，进而努力发挥人性中的优点。

尊重你自己

昂起你高贵的头

俗话说：初生牛犊不怕虎。同样道理，人在 30 岁以前也是无所畏惧的。他们大都不相信命运，他们用最大的勇气去面对生活，用最坚决的行动去追求成功，也用他们最刻薄的话语去嘲笑那些讨厌的相士和预言家们，如果有人要跟他们谈论命运，他们也会笑而不答，不把这些预言放在眼里。但一过了 30 岁，很多人的观念就变了，渐渐相信起命运来。

为什么要相信莫须有的东西呢？说穿了很可笑。因为一个人在社会上做了 20 多年的事，多少也会有过一些不如意的遭遇。譬如，我们做的一件事，明明计划得很好，这样做下去便可以获取成功了，但事情却往往未必尽如人意，时不时会出现很多意料不到的困难，使得自己到处碰壁，碰得焦头烂额，苦恼万分。于是，许多人就渐渐地相信这是命运在作祟。

希腊有一首很悲观的民歌说：

日神阿波罗是个勇士，

他能够一拳打倒凶猛的敌人，

但他无法扭转自己的命运。

普罗米修斯是个智慧的神，

他能够瞒着宙斯把火种偷了出来，

叫那些可怜的人们看到光亮，

而他自己却被鸷鹰不断地啄着心肝，

——这是命运跟他开的玩笑！

这就是人们认为自己的力量无法战胜命运的例子。

到底是不是真的在冥冥之中有个主宰呢？没有的，肯定地告诉你。昂起你高贵的头，如果真有命运这种东西的话，那么它一定是掌握在你自己的手里。你听说过这些人的往事吗？

英国的大戏剧家莎士比亚在戏院做过看马人，他的背上挨过一个演员的皮鞭。

尤金·奥尼尔在成为作家之前，曾经是个乞丐，几乎冻死在街头。

大文豪狄更斯是个鞋店的学徒，他的父亲因欠债而入狱，使得年少的狄更斯也在监狱里度过一段日子。

苏联文豪高尔基曾经是个可怜的流浪汉，他赤着双脚走过俄罗斯不少地方。

杰克·伦敦的生活也很悲惨，他也是一条可怜虫。忍饥挨饿，衣衫褴褛，居无定所，差不多是他早期生活的写照。

名剧《夏雨》的作者莫芬先生，在未成名的时候，作品根本没有一家出版商愿意出版。一个名演员在看过他的《夏雨》之后，愤然丢在地上，大骂莫芬是混蛋，连文句也写不通顺。

戴尔·卡耐基小的时候家庭非常贫困，他不得不靠为别人打零工才得以糊口。

无须再多举例子，我们也可以看出，命运是掌握在我们自己手里的，是我们自己创造的。千万不要向命运投降。无论面对任何困难，只要你能够昂起高贵的头，相信成功也就不会太遥远了。

自尊可以带来自信

英国作家毛姆说：自信心和自尊心是相辅相成的，没有自尊心的人，绝不会有自信心。

如果我们自己对自己都没有好的评价，怎么能期望别人会对你有好的评价呢？正如一句谚语说得好：不自重的人，别人也不会尊重他。如果人们发现你并不怎么尊重自己，那么，他们也有权利拒绝你，把你看成骗子。因为你一方面对别人说，他们应该对你有好感，另一方面自己却对自己没有好感。其实，对自己的尊重和对别人的尊重是建立在同一原则基础之上的。

林肯曾说过："你可以在某一段时间欺骗所有的人，也可以在所有的时间里欺骗某一部分人，但你不可能在所有的时间里欺骗所有的人。"无论在什么时候，我们都无法欺骗自己。所以，要真正产生自尊的感觉，唯一的办法就是让自己配得上这种对自己的尊重。

别人有权利按照我们看待自己的眼光来评价我们；我们认为自己有多少价值，就不能期望别人把我们看得比这更重。一旦我们踏入社会，人们就会从我们的脸上、从我们的眼神中去判断，我们到底赋予了自己多高的价值。如果他们发现，我们对自己的评价都不高，他们又有什么理由要给他们自己添麻烦，来费心费力地研究我们的自我评价到底是不是偏低呢？很多人都相信，一个走上社会的人对自己价值的判断，应该比别人的判断要更真实、更准确。

美国作家华盛顿·欧文告诉人们："一种成熟的、经过训练的天赋不愁没有用武之地，但它不能坐等别人为它创造机会。我们常常听人说，一些大胆鲁莽的人如何获得了成功，而真正有才能、很稳重的人却常常被人遗忘，这当然未必完全符合事实。不过，有时候一些胆子较大的人确实拥有一些优秀的品质，他们做事果断，不犹豫。而离开了这一点，所谓的才能不过是纸上谈兵。会叫唤的狗要比一只总打瞌睡的狮子有用得多。"

约翰·弗里蒙特曾经是美国政坛上的一位名人，他的得意之作是让加利福尼亚成为美国的领土，但后来他就渐渐不为人所知了，最后他仅仅是靠着在科学方面的成就，在欧洲的一些大学担任了几个教职。他的一位政治对手在评价他时说："他之所以被人们遗忘，原因很简单，因为他缺乏一种强有力的个人意志。他倒是有一种让人遗忘他的才能。"

美国政治家约翰·卡尔霍恩就读耶鲁大学时，非常刻苦勤奋，他的一个同窗为此讥笑他，他回答道："这没什么奇怪的。我必须抓紧时间学习，这样我以后才可能在国会有所作为。"对方大笑，卡尔霍恩认真地说："你不相信？我告诉你，我只要3年的时间就可以当国会议员，如果不是因为我知道自己有这种能力，我现在就不会坐在这里读书了。"

德国哲学家谢林曾经说过："一个人如果能意识到自己是什么样的人，那么，他很快就会知道自己应该成为什么样的人。让他首先在思想上觉得自己的重要，很快，在现实生活中他也会觉得自己很重要。"

对一个人来说，重要的是我们要能够说服他相信他自己的能力，如果做到这一点，那么他很快就会拥有巨大的力量。

匈牙利民族解放运动的领袖科苏特说："固然，谦逊是一种智慧，人们越来越看重这种品质，但是，我们也不应该轻视自立自信的价值，它比其他任何个性因素都更能体现一个人的气概。"

英国历史学家弗劳德也说："一棵树如果要结出果实，必须先在土壤里扎下根。同样，一个人也需要学会依靠自己，学会尊重自己，不接受他人的施舍，不等待命运的馈赠。只有在这样的基础上，才可能做出成就来。"

我们每个人都应该培养自己的自尊，使自己超越于一切狭隘卑贱的行为之上，从而与各种各样的侮辱与不体面绝缘。

依靠自己，相信自己，这是独立个性的一种重要成分，是它帮助那些参加奥运会的勇士夺得了桂冠。所有的伟大人物，所有那些在世界历史上留下名声的伟人，都因为这个共同的特征而同属于一个家族。

只有自信与自尊，才能够让我们感觉到自己的能力；其作用是其他任何东西都无法替代的。而那些软弱无力、犹豫不决、凡事总是指望别人的人，正如莎士比亚所说，他们体会不到也永远不能体会到，自立者身上焕发出的那种荣光。

如何才能做到尊重自己

俄罗斯作家屠格涅夫说：自尊自爱，作为一种力求完美的动力，是一切伟大事业的渊源。那么，如何才能做到自尊自爱呢？下面列出的 8 条原则或许会对你有所启示。

(1) 写出 10 种你对自己最为欣赏的品质。

(2) 用积极的观念来反照消极的意识，以此来确立自我价值。

(3) 发现一位对你既坦诚又能不断帮你认识自我价值的亲密朋友。

(4) 参加一个能帮助你改善自身缺陷的学习小组或培训班。

(5) 阅读一些对如何改善自身缺陷有指导意义的相关书籍，并在阅读时做好详细的笔记。

(6) 学会关注自己，去发现哪些活动能让你感到轻松愉悦，然后积极地投入到这些活动中去。

(7) 让自己成为自我最好的倾听者，及时剔除在这种"对话"中出现的一些消极有害的意识。

(8) 帮助他人，你会在这种帮助中得到精神的愉悦。

成就你自己

你的人生，你规划

如果你准备外出旅行，你一定会先确定目的地，然后研究地图，确定行走的线路，制定旅行详细的计划，包括第一天到哪里，第二天住哪家宾馆等，然后才会出发。然而，让我们迷惑不解的是，虽然许多人都有成功的欲望，也确定了成功的目标，但在 100 个人当中，大约只有 2 个人制定了达到成功目标所准备实施的规划，其他大多数人则是随波逐流。这正好与100个人当中只有2个人成功，而其他人却只能做普通人有惊人的吻合。

正如建造房屋要事先画好图纸一样，成功也要有具体的步骤。没有规划的人，就如同没有航线图的航行者，不知身在何方，目的地在何处，即使非常忙碌，也不会有什么成效。现实与目标之间，有着较大的路程，并且这段路程往往充满了艰难坎坷，不可能是一帆风顺、一蹴而就的。我们要实现目标，就要一步一步地走。正如我们知道某个山峰上有宝藏，但如何爬上山峰，却很有讲究。每一步都要认认真真地走。成功也是一样，我们需要将通向成功目标的路程分解成一个一个步骤，然后逐步完成。

要知道你的人生，应该由你自己来规划。

制定规划实际上也就是制定行动的纲领，它将告诉你如何通向目标，就像路线图一样告诉你如何从A点到达B点。例如，如果你的目标是增加50%的生产量或销售量，你就必须规定每天每月所必须达到的数量以及需要采取的措施；再如，你想在年底前修3门新课程，那么必须事先规划，否则你可能挤不出时间去上任何课程。

许多人成功的欲望很强烈，天天想的就是功成名就，目标也制定得非常明确，但他们最终却是空梦一场，其原因就是缺乏具体可行的规划。说得更加明确一点，就是缺乏实现目标的具体计划。成功者的经验表明，只有当你事先做好规划，并且让你的规划帮助你发挥潜力和创意，你才有可能真正实现你的梦想，达到你的目标。

一般来说，在制定成功的规划时，要注意以下几个问题。

(1) 你的目标是什么？

(2) 对于你自己以及影响目标实现的一切事物，你有何了解？

(3) 你拥有什么样的物质条件来实现你的目标？

(4) 你怎样计划运用人力物力来实现你的目标？

你应该给自己的计划安排一个合理的进度表，要从上一级明确到下一级。要把每个目标都当成是某一天的第一任务，全力以赴地去完成。然后对本年度或一个月来各个目标的执行情况一一检讨，凡是能够顺利完成的目标加以保留，否则便取消或更改。

另外，一个没有期限的梦想或是目标，效果是非常有限的。

有些人设立过非常多的目标，但是，却很少实现，原因有以下几点：不合理；没有期限；缺乏详细的计划；没有天天衡量进度。

这种计划是注定要失败的。即使偶尔取得成功的话，也是侥幸得来的运气。千万不要靠运气生活，你一定要靠目标和计划生活，这是成功者必备的条件，也是每一个成功者不断在做的事情。

每一个成功者都有明确的目标，也都有伟大的梦想，同时他们都具有具体可达成的计划和期限。

你可以把你的所有目标集中在一起，想象成一个金字塔，塔顶是你的人生目标。你的每一个目标和为达到目标而做的每一件事情都必须指向你的人生目标。

这个金字塔一般由5层组成。最上的一层最小，是核心。这一层包含着你的人生总体目标。下面每一层是为实现上一层的较大目标而要达到的较小目标。这5层可以大致表述如下。

(1)人生总体目标：这包含你的一生中要达到的2至5个目标，如果你能够达到或接近这些目标，就说明你已经基本实现定下的人生目标了。

(2)长期目标：是你为实现每一个人生分目标而制定的目标。一般来说，这些是你计划用10年时间做到的事情。虽然你可以规划10年以上的事情，但这样分配时间并不明智。目标越遥远，就越不具体，就越可能夜长梦多。但制定长期目标是很重要的，没有长期目标，你就可能有短期的失败感。

(3)中期目标：这些是你为达到长期目标而制定的目标。一般地说，这些是你计划在5至10年内做的事情。

(4)短期目标：这些是你为达到中期目标而制定的目标。实现短期目标的时间为1至5年。

(5)日常规划：这是你为达到短期目标而定的每日、每周及每月的任务。这些任务由你自己分配时间的方式而定。

虽然制定短期目标一直是成功者的主要策略，但是很多人仍然不太懂得如何制定。针对此问题，戴尔·卡耐基认为："短期目标"是一种独特的工具。它界定什么重要，什么不重要，它使我们集中力量努力完成每一阶段的目标。短期目标是动用人力去取得特殊结果的基本工具。

你是一个梦想者吗？

凡是一切世界上使人生有价值，把人类从卑贱中释放出来，从平庸丑恶中拯救中出来的，首推梦想——我们都得感谢我们的梦想者！

现在的一切，不过是过去各时代梦想的总和，是过去各时代梦想实现的结果。

没有梦想，恐怕人们现在还过着茹毛饮血的生活呢！

每个人都应该有梦想，离开了梦想即我们通常所说的想象力，我们的世界将会失去颜色。

有人说，想象力这东西，对于艺术家、音乐家、诗人有大用处，但在现实世界中，它没有位置。其实，他们应该知道凡是各界的领袖，都是那些怀有梦想的人。另外，还有现在的工业巨子，商界巨擘，他们也大都是想象力很丰富的人。

人类最神圣的遗传，就是那善于梦想的力量。只要你相信一个较好的明天会到来，则今天的痛苦对你就算不了什么。对于那些善于梦想的人，甚至"铁窗石壁也不是牢狱"。

能够将自己从一切烦恼痛苦的环境中拯救出来，而沉浸于和谐、美满、幸福的氛围中的能力，真是无价之宝。这种能力便是梦想。假如从我们的生命中去除梦想的能力，我们中间还有谁有勇气、有耐心，而热诚地继续着生命之战斗？

善于梦想的人，无论怎样地贫苦，怎样地不幸，他总有自信，甚至自负。他藐视命运，他相信好日子终会到来。

正是这种梦想，这种希望，这种期待着好日子来临的心态，使我们可以维持勇气，可以减轻负担，可以扫清我们的路障。

另外应该注意的一点就是，有了梦想，同时还需有实现梦想的坚毅的意志与决心。徒有梦想而没有努力，徒有愿望而不能拿出力量来实现愿望，这是不可能成功的。只有那些为梦想而付出艰苦的劳作，并不断地努力的人，才能够到达成功的彼岸。因此，你的梦想要靠你来实现。

像其他能力一样，梦想的能力是可以被滥用或误用的。有许多人整天除做梦以外不做别的事，他们把全部的生命力，花费在建造他们不去实现的空中楼阁上。他们陷入了一个不自然而虚幻的世界中，直至其他各种能力因不活动而瘫痪为止。我们要清楚，梦想不等于空想。

我们愈能实现我们的梦想，则我们的能力也愈会坚强。一个旧的梦想的实现，往往可以激起你对一个新的梦想的努力。就在人类化梦想为事实的能力中，我们发现了世界的种种希望。

现在世界知名的哈佛大学是由哈佛·约翰用几百美元创立的，而耶鲁大学在初设时，只有少数几本书籍。这些是化梦想为现实的好例子。

不要阻止你的梦想，信仰并且鼓励你的梦想，同时努力使之实现。你的生命的内容，将全依你的梦想而决定。你的梦想，就是你生命历程的预言。

你的情绪，你做主

伟大的发明家、成功者本杰明·富兰克林在他的自传中提到过这样一件事："我注意到，一群人当中有一位机械师，他在离我办公室不远的一间房子里工作，他似乎总是心情很好的样子。不管见到谁，他都会微笑或者和气地说几句话。不管天气多么寒冷、阴沉，他的脸上总是浮现着愉快的笑容。一天早上，我碰到他。我向他请教其中的秘密——他为什么能始终保持着高昂的情绪。"

"他告诉我，他有一个非常难得的妻子。每当他早上上班的时候，她总是温柔地鼓励他；晚上下班回到家里，她总是微笑着用亲吻迎接他，并且已经沏好了茶，一天里他的妻子做了那么多的事情来让他高兴，因此，他说他心里对任何人都很难想到不好的话。"

乐观的人总是能看到事物光明的一面，随时准备扭转败局走向成功。所以，他们总是受到欢迎。他们不仅自己快乐，还能给别人带来快乐。

美国前总统林肯有一个好习惯，他总是在自己书桌的一角放着最近发表的幽默故事。每当疲劳、厌倦或者沮丧的时候，他就拿起这些幽默故事，读上一两篇，他的疲惫和困倦就能得到很大的缓解，这也给他带来了更愉快的心情。

俗语说得好："快乐的心灵就像良药一样使病人康复。"如果我们把痛苦紧紧抱在怀里，那么按照心灵的内在规则，我们心里念念不忘的就总是不幸的想法，它会像流感一样悄悄渗入我们的灵魂，并且会越来越嚣张，直至把我们毁掉。

银行家杰·库克在51岁的时候，财富高达数百万美元，而到52岁的时候，他损失了所有的财富，而且背上了一大堆债务。

但是，库克没有放弃，他决心东山再起，不久他又积累了巨额的财富。当他还清最后300个债务人的欠款后，这位金融家实现了他伟大的承诺。

有一次，一位客人问他，他的第二笔财富是怎样积累起来的。

库克先生回答说："这很简单，就是因为我从来没有改变从父母身上继承下来的天性。从我早期谋生开始，我就认为要从充满希望的一面来看待万事万物，从来不要在阴影的笼罩下生活。我总是有理由让自己相信，实际的情况比一般人设想和尖刻批评的情况要好得多。我相信，我们的社会到处都是财富，只要去工作就一定会发现财富、获得财富。这就是我成功的秘密。记住：永远把目光停留在事物阳光灿烂的一面。"

永远不要忧虑，永远不要发牢骚。如果我们一直向上看，生活积极乐观，工作勤奋努力，就一定会得到幸福。

地底下的种子从来不怀疑，总有一天它会破土而出。它从来不问自己，怎么才能突破压在头上的厚厚的土层。它从不抱怨成长的过程中碰到顽固的石头和沙砾，而是不断地把自己柔嫩的绿芽一点一点向上顶出，透过石头和沙砾，坚韧勇敢地生长着，直到露出地面，长出枝叶，并开花结果。从幼小的种子那里，我们可以学到许多伟人从无名之辈成为社会名流的成功奥秘。

让我们一起谨记威廉·詹姆斯的名言：

只要将一个人内心的态度由恐惧转为奋斗，他就能克服任何障碍。

让我们为自己的快乐奋斗，学会做自己情绪的主人吧！

找到属于你的音符

美国演技派电影明星达斯汀·霍夫曼在"金球奖"的颁奖典礼上接受终身成就奖时，提到一个真实的小故事：有一次，他为电影《毕业生》做宣传，碰巧与音乐大师史达温斯基在同处接受访问。主持人问起史达温斯基，那时是否是他一生当中最感到骄傲的时刻——新曲的首度公演，功成名就、掌声四起？史氏加以否认，他说："我坐在这里已经好几个小时了，这期间，我一直不断地在为我新曲中的一个音符绞尽脑汁，到底是'1'比较好，还是'3'比较好？当我最后发现众里寻她千百度的那一个音符的一刹那，是我人生中最快乐、最骄傲的时刻。"霍夫曼说，他被大师感动得当场哭了起来。

如同伟大的作曲家心无旁骛、孜孜不息地寻找一个最能感动他的音符，不管是从事何种行业的人，那最令人满足、安慰的时刻，的确是在自己"千山万水"、"柳暗花明"终于找到了的那一瞬间。

人生最大的骄傲，不在外来的掌声、名利或权势。掌声会停，名利、权势也不过是暂时的锦上添花，终是过眼云烟。我们倒不如试着学习认识自己的潜能，对自己的言行负责，并在设定方向之后，不畏艰辛，努力、不懈地去追寻，一旦真的找到了最能感动自己灵魂的"那一个音符"，必得人生至乐。

人生的旅途上，有些人或许已经找到自己所要的那个音符了，这可喜可贺，却也要继续努力。而那些仍在寻找的人，更不必气馁，因为对于我们自己来说过程比结果更重要。

物理学家汤姆逊由于双手的不便，在处理实验工具方面感到很烦恼，因此他的早年研究工作偏重于理论物理，较少涉及实验物理。后来他找了一位在做实验及处理实验故障方面有惊人的能力的年轻助手。这样他就避免了自己的缺陷，努力发挥了自己的特长。野生物学家珍妮·古多尔清楚地知道，她并没有过人的才智，但在研究野生动物方面，她有超人的毅力、浓厚的兴趣，而这正是干这一行所需要的，所以她没有去攻数学、物理学，而是进到非洲丛林里考察黑猩猩，最终取得了辉煌的成就。

被誉为世界保险业巨子、创富学第三代祖师的克莱门特·斯通指出："要注意到这个事实：没有什么人用大盘子把成功送给我们所谈到的任何获得了成功的人。他们每个人都是通过发挥他所发现的、他本身所固有的许多才能，才做到了这一点的。"

 # 超越你自己

超越自我须打破常规

追求成功的人，必须为自己的将来负责。他所做的，应该有助于实现他的目标。他必须为自己的决定、取舍和行为承担责任，必须自己为自己考虑，选择那些可以指导自己生活的价值、目标，而不是不加辨别，接受家庭、朋友或其他人所讲述的一切。

没有谁必须对你承担义务，家庭、朋友，甚至政府，都是如此，你只能自己对自己的将来负责，生活的重担不可能让他人来为你负担。你在生活中，应该选择一种积极而不是消极的方式。

你能为自己承担多少责任，你就能得到多少快乐和成功。如果你限制自己的发展，环境分配你做什么你就做什么，这样你永远与成功无缘，真正的成功需要你打破常规，做出更多的贡献。

我们需要的，不是问自己生活中需要什么，而是问："我要得到这些我希望的东西，必须做些什么？"

世界在飞速地变化，你必须做出选择，或者现在就注意发展自己的潜能，以便将来取得成功；或者，像你周围的人那样，只是不断地抱怨生活，从来不去行动。打破常规，才能发展。明智的人会选择前者而摒弃后者的。

超越你的失败

只要你知道如何对你的消极情绪宣战，你的自信心就会在你的积极生

活方面支持你，使你在你的心灵战场中打胜这场战争。

不要怀疑，你的心灵的确是一个战场，只要你能战胜，你就会安享你心灵的太平日子。

你的陆军，慢慢爬过浓密的丛林，与敌人接触，越过隐蔽的敌后，刺探对方的阵地，这就是你认识你的思想的最高重要性。

你的空军，拥有最新型的喷气机和战术上的攻击力，就是采纳一种积极的人生哲理，设定你的目标；运用你的成功契机。你建立的空军，就是增强你的自信心、你的自我画像、你对自己的价值观。

但是你的海军，除非已经获悉你的大敌——失败——关键的所在，是不会运输你的部队，使它克敌制胜。你在行进这场战争之前，必须先把这个自我挫败的关键找出来，把它从你的心中连根拔除。

这样把你的想法与战争相比，会使你感到好笑吗？应该不会。在这个纷繁的世界中，心里充满忧患的人实在太多了。若要消除这种忧患，暴露这种有毒的思想，然后粉碎这种病态的理念，并以快乐的观念和心像取而代之，往往需要发动一场战争才行。借用美国前总统威尔逊的话，一场"使你心灵安享幸福"的战争。

过去 100 年来，人类的发展突飞猛进，因此现在我们可以说：一个人的思想和他的心像胜于枪炮。我们要对我们的消极情绪宣战；对我们的失败心理宣战。不过，且让我们先行决定：我们的基本目标只是消灭我们的消极思想，享受太平安乐的生活。然后进行其他的目标，去充实自己的生活，去过积极的岁月。

而我们当前最重要的目标是，把自己从虚妄的信念之中唤醒过来，免得错失成功的机会。

假如你让自己的虚妄信念，把你拖入失败的境地，你的目标又有什么意义？你对自己又能做些什么？除了沉入消极抑郁、放弃一切目标、遮掩人生阳光，在别人都开始美好生活的时候，你却躲在黑暗房屋中哀伤厌世之外，还能做些什么？

成功生活的要诀，在于超越你的失败——不要为错误而哀伤，放下心中的担子，坚定地进入人生的佳境。

学会每天超越自己

无法每天超越自己的人，通常成不了大事。

只要说服自己做得到，不论多么艰巨的任务，你必能完成。反过来说，如果想象自己做不到，就是最简单的事，对你也是座无力攀登的险峰。

有这样一个故事：

林恩是位精力充沛的全职太太。18 年来，她每天都要安慰和支持她的家人，她还有个需要特殊照料的患脑积水的儿子。当孩子们长大时，林恩越发不安，她渴望做名计算机检修工。

她走出家门，在富有挑战性、男人所统治的领域工作，令林恩感到无限忧虑。她的女性朋友分担了她的忧虑。在她们的鼓励下，林恩开始慢慢地克服忧虑，接着就开始积累成功所需的经验。当然她经历了挫折，但是她并没有灰心，一次又一次地越过挫折并坚持下来。最后，林恩开始认同并相信自己做女商人的能力。

现在，林恩拥有一份成功的计算机查询生意。她的成功是一点一滴积累而成的，例如参加成人教育班；自愿担任计算机初学者的培训员；组织收费低廉的小型讨论会等等。她的最大成功就是超越了忧虑，超越了自我，并集中每次取得的小小成功，才取得了最后的胜利。

对自己有信心，并竭尽所能地工作——这是成功的根本。

第二部

呵护心灵

提炼自《呵护心灵》（［美］托马斯·穆尔著）

【关于本书】

20世纪90年代，《呵护心灵》出版后不久，即被《纽约时报》评为首屈一指的畅销书，并且在这个排行榜上持续了将近一年的时间。

【点亮心灯】

1. 在一种快速发展的生活中，心灵无法得到净化，因为产生共鸣、接受事物并仔细消化事物，都需要时间。

——《呵护心灵》

2. 世界上最宽广的东西是海洋，比海洋更宽广的是天空，比天空更宽阔的是人的心灵。

——雨果

挣脱心灵的枷锁

打破你心中的瓶颈

美国著名心理医生基思博士曾讲过这样一个故事：

很多年以前，在美国纽约市的街头，有一个卖气球的小贩。每当他生意不好的时候，他便向天空放飞几只气球。这样，就会引来很多玩耍的小朋友围观。他的生意就会好起来，小朋友们兴高采烈地买他的那些色彩艳丽的氢气球。

一天，当他在纽约市街头重复这个动作时，他发现，在一大群围观的白人小孩中间，有一个黑人小孩，用疑惑的眼光望着天空。他在望什么呢？小贩顺着黑人小孩的目光望去，他发现，天空中有一只黑色的气球。

精明的小贩很快就看出了这个黑人小孩的心思，他走上前去，用手轻轻地触摸着黑人小孩的头，微笑着说："小伙子，黑色气球能不能飞上天，在于它心中有没有想飞的那一口气，如果这气够足，那它一定能飞上天空！"

确实，能不能飞上天空，关键在于气球里边有没有那口气，而不是在于气球的颜色。如果你认为你飞不起来，那你肯定就飞不起来。别人都在拼命地想飞起来，谁又有时间跟你说："嘿，你怎么不试试呢？"

你是不是总是在想，不可能的，我都这么大年纪了，怎么能跑那么远；我学历这么低，公司怎么会雇佣我；我长得不够漂亮，他怎么会喜欢我？

要知道，这些都是你在心里给自己设置的障碍，你要试着打破它。

曾经有一位撑竿跳的运动员，他一直苦练却无法跃过某一个高度。他失望地对教练说："我实在是跳不过去。"

教练问："你心里在想什么？"

他说："我一冲到起跳线时，看到那个高度，就觉得我跳不过去了。"

教练告诉他："你一定可以跳过去。把你的心从竿上摔过去，你的身子也一定会跟着过去的。"

他听从了教练的话，撑起竿又跳了一次，果然跃过了那个他曾经认为自己跳不去的高度。

其实，只要打破心中的瓶颈，你便可以超越困难，突破阻挠，粉碎障碍，完成自己的愿望。

冲出你心灵的监狱

英国诗人弥尔顿曾说过：心灵有它自己的地盘，在那里可以把地狱变成天堂，也可以把天堂变成地狱。的确，如果我们不懂得善待自己的心灵，就有可能使心灵变成你自己的监狱，请看下面这则童话故事：

有个长发公主叫雷凡莎，她头上披着很长很长的金发，长得很美丽。雷凡莎自幼便住在古堡的塔里，和她住在一起的老巫婆天天念叨雷凡莎长得很丑。她便信以为真，不敢出去见人，还将自己囚禁起来。

一天，一位年轻英俊的王子从塔下经过，被雷凡莎的美貌惊呆了，从这以后，他天天都要到这里来，一饱眼福。雷凡莎从王子的眼睛里认清了自己的美丽，同时也从王子的眼睛进而发现自己的自由和未来。有一天，她终于放下头上长长的金发，让王子攀着长发爬上塔顶，把她从塔里解救出来。

囚禁雷凡莎的不是别人，正是她自己，那个老巫婆是她心里迷失自我的魔鬼，她听信了魔鬼的话，以为自己长得很丑，不愿见人，就把自己囚禁在塔里。

其实，人在很多时候不就像这位长发公主吗？人心很容易被种种烦恼和物欲所捆绑。自己将自己囚禁起来，就像长发公主，把老巫婆的话信以为真，认为自己长得很丑，因此把自己囚禁起来。

就是因为自己心中的枷锁，我们凡事都要考虑别人怎么想，别人的想法深深套在自己的心头，从而束缚了自己的手脚，使自己停滞不前。就是因为自己心中的枷锁，我们独特的创意被自己抹杀，认为自己无法成功；告诉自己，难以成为配偶心目中理想的另一半，无法成为孩子心目中理想的父母、父母心目中理想的孩子。然后，开始向环境低头，甚至于开始认命、怨天尤人。

仔细想想，很多时候，在人生的海洋中，我们就犹如一只游动的鱼，本来可以自由自在地游动，寻找食物，欣赏海底世界的景致，享受生命的丰富多彩。但是，突然有一天，我们遇到了珊瑚礁，然后自己就不愿再动弹了，并且呐喊着说自己已经陷入绝境了。想想这有些可笑吧！自己给自己营造了心灵的监狱，然后钻进去，坐以待毙。

人的一生的确充满许多坎坷、许多愧疚、许多迷惘、许多无奈，稍不留神，我们就会被自己营造的心灵的监狱所监禁。而心狱，是残害我们心灵的杀手，它在使心灵凋零的同时又严重地威胁着我们的健康。

既然心狱是自己营造的，人类就有冲出心狱的本能。那么，还是让我们自己动手，拆除心灵的监狱，挣脱心灵的枷锁，还自己以亮丽的心灵吧！

清除心灵的垃圾

嫉妒是伤人的暗箭

嫉妒是一种难以公开的阴暗心理，是人们普遍存在着的人性弱点。在日常工作和社会交往中，嫉妒心理常发生在一些与自己旗鼓相当、能够形成竞争的人身上。比如：对方的一篇论文获奖，人们都过去称赞和表示祝贺，自己却木呆呆坐在那里一言不发。由于心存芥蒂，事后你可能或就这篇论文，或就对方其他事情的"破绽"大大攻击一番。对方再如法炮制，以牙还牙。如此恶性循环，必然影响双方的事业发展和身心健康。

嫉妒是一种有害心理，有时嫉妒心理还会带来自身的毁灭。请看下面这则寓言故事。

有一个人养了一只山羊和一头驴子。山羊发现驴子的食物比它丰富，便心生嫉妒。为了一解心中的不平，山羊便对驴子说："人类待你多么刻薄啊！一会儿要你在磨坊磨麦，一会儿又叫你运载重物。"山羊又进一步对驴子说："你不妨假装突然生病，故意跌到沟里，那么你就有机会可以休息了。"

驴子听了山羊的话，故意跌到沟里，却受了重伤。

主人请来兽医为它医治。兽医说："必须用山羊的肺敷在驴子的伤处。"

为了医好驴子，主人便立刻杀了山羊。

由此，我们可以看出嫉妒对一个人的伤害有多大，它是妨碍一个人取得成功的最大阻力。所以，我们必须克服嫉妒这一弱点。如果被嫉妒心理困扰，难以解脱，一定要控制自己，不做伤害对方的过激行为。我们不妨用转移的方法，将自己投入到一件既感兴趣又繁忙的事情中去，以此来化解嫉妒心理。

工作及社交中的嫉妒心理往往发生在双方及多方身上，因此要注意自己的修养，尊重与乐于帮助他人，尤其是自己的对手。这样不但可以克服自己的嫉妒心理，而且可使自己免受或少受嫉妒的伤害。同时还可以助你取得事业上的成功，又可以使你感受到生活的愉悦，这样，何乐而不为呢？

绝望是心灵的毒药

世界上从来没有什么真正的"绝境"。无论黑夜多么漫长，朝阳总会冉冉升起；无论风雪多么肆虐，春风终会吹绿大地。冬天既然已经来临，春天还会远吗？不要让绝望来毒害你的心灵，如果你任由它的滋长，那么摆在你面前的只能是失败或者是死亡；但如果你及时扼断它的枝蔓，迎接你的将是光明或成功。请看下面这则故事：

有个年轻人，一天，因心情不好，他走出家门，漫无目的到处闲逛，不知不觉来到了森林深处。在这里他听到了婉转的鸟鸣，看到了美丽的花草，他的心情渐渐好转，他徜徉着，感受着生命的美好与幸福。忽然，他的身边响起了呼呼的风声，他回头一看，吓得魂飞魄散，原来是一头凶恶的老虎正张牙舞爪地扑过来。他拔腿就跑，跑到一棵大树下，看到树下有个大窟窿，一棵粗大的树藤从树上深入窟窿里面，他几乎不假思索，抓住树藤就滑了下去，他想，这里也许是最安全的，能躲过劫难。

他松了口气，双手紧紧地抓住树藤，侧耳倾听外边的动静，并时不时伸出头去看看。那只老虎在四周踱来踱去，久久不离去。年轻人悬着的心又紧张起来，他不安地抬起头来，这一看又叫他吃了一惊，一只坚牙利齿的松鼠在不停地咬着树藤，树藤虽然粗大，可经得住松鼠咬多久呢？他下意识地低头看洞底，真是不得了！洞底盘着四条大蛇，一齐瞪着眼睛，嘴里吐着长长的芯子；恐惧感从四面八方袭来，他绝望透了。爬出去有老虎，跳下去有毒蛇，上不得，也下不得，想这么不上不下吧，却有那只松鼠在咬树藤，他甚至已经听到了树藤被咬处咯吱咯吱欲断未断的响声。这种绝望的心态使他动弹不得。最终树藤被松鼠咬断了，年轻人成了毒蛇的美餐。

这个故事还有另外一种结局：当年轻人面临上下两难的处境时，他并没有灰心，他冷静地分析局势，悬挂不动已不可能，树藤已不让他悬了；跳下去也绝无生路，那是个死胡同，连逃的地方都没有；可是外面呢，有可怕的老虎，但也有鸟鸣，有花香。年轻人想，难道这就是人生的宿命？冥冥之中，他听到一个声音在喊："别怕，跑吧。"于是他不再作多余的考虑，一步一步向上攀登，他终于爬到了地面，看到那只老虎在树底下闭目养神（是的，苦难也有闭上眼睛的时候），他瞅住这个机会，拔腿狂奔，终于摆脱了老虎，安全回到了家。

记得有一部电视剧的主题曲中唱道："生活，是一团麻，也有那解不开的小疙瘩；生活，是一条路，也有那数不尽的坑坑洼洼……"人生的大道不可能永远是坦途，困难、挫折，甚至是绝境都是在所难免的。绝境并不可怕，只要人不绝望，只要心中与困境做斗争的勇气仍在，即使山穷水尽，也会有柳暗花明的时候。

自卑是成功的绊脚石

每个人都会有不同程度的自卑感，因为我们都希望改进自己所处的环境。

没有人能够长期忍受自卑感，有的人会采取某种行为，解除自己的紧张状态，而有的人却采取了一种逃避的态度。他们不敢正视自卑，认为自己无法战胜它，进而形成了一种自暴自弃的心理。这样的人是无法取得成功的。

采取逃避态度的人，他的自卑感会越积越多，行动会逐渐将他自己导入自欺之中，这便是"自卑情结"。这个术语的定义是：当个体面对一个他无法适当应付的问题时，当他表示他绝对无法解决这个问题时，此时出现的便是"自卑情结"。如果别人告诉他正在蒙受自卑情结之害，而不是让他知道如何克服，他只会加深自卑感。应该是找出他在生活中表现出的气馁之处，在他缺少勇气处鼓励他。

其实，自卑感本身并不绝对是一种坏东西，它是人类地位之所以增进的原因。自卑感肇始于人的懦弱和无能，由于每个人都曾是人类中最弱小的，加之缺少合作，只有完全听凭其环境的宰割，所以，假使未曾学会合作，他必然会走向悲观之途，导致自卑情绪。对最会合作的人而言，生活也会不断向他提出尚待解决的问题，没有谁会觉得自己所处的地位已是自己的最终目标，谁也不会满足于自己的成就而止步不前。

每个人都有自己的成功目标，它是属于个人独有的，取决于他赋予生活的意义。这种意义不只是口头上说说而已，而是建立在他的生活风格之中。成功的目标如同生活的意义一样是在摸索中定下来的。

对于一个健康的人来说，当他的努力受阻于某一特定的方向时，他会另外寻找新的门路。因此，对成功的追求是极具弹性的。有关学者指出，特别强烈的对成功的追求会使人变得极其自尊。

事实上，对成功的追求是所有人类的通性，而这些人的错误在于他们的努力方向是生活中不大可能获得的一面。若要帮助这些用错误方法追求成功的人，首先是要让他们知道，人对于行为、理想、目标等各种要求，都应以合作为基础，要面对真正的生活，重新肯定自己的力量。

世界上有许多成功的名人，在学校中曾是屈居人后的孩子，后来恢复了勇气和信心，取得了伟大的成就。能够妨碍事业成功的，不是遗传，而是对失败的畏惧，是自我的气馁和自卑情绪。

因而，如果你有了成功的目标，就必须搬开自卑的绊脚石，这样你才能够取得成功。

在心底预备一个"垃圾桶"

南宋时期的一个僧人曾作一偈:"身是菩提树,心如明镜台。时时勤拂拭,勿使惹尘埃。"心如明镜,纤毫毕现,洞若观火,那身无疑就是"菩提"了。但前提是"时时勤拂拭",否则,尘埃厚厚,似茧封裹,心定不会澄碧,眼定不会明亮了。

一个人,在尘世间走得太久了,心灵无可避免地会沾染上尘埃,使原来洁净的心灵受到污染和蒙蔽。心理学家曾指出:人是最会制造垃圾污染自己的动物之一。的确,清洁工每天早上都要清理人们制造的成堆的垃圾,这些有形的垃圾容易清理,而人们内心诸如烦恼、欲望、忧愁、痛苦等无形的垃圾却不那么容易清理了。因为,这些真正的垃圾常被人们忽视,或者,出于种种的担心与阻碍不愿去扫。譬如,太忙、太累;或者担心扫完之后,必须面对一个未知的开始,而你又不确定那些是否是你想要的。万一现在丢掉的,将来想要时却又捡不回来,怎么办?

的确,清扫心灵不像日常生活中扫地那样简单,它充满着心灵的挣扎与痛苦。不过,你可以告诉自己:每天扫一点,每一次的清扫,并不表示这就是最后一次。而且,没有人规定你必须一次扫完。但你至少要经常清扫,及时丢弃或扫掉拖累你心灵的东西。

每个人都有清扫心灵的任务,对于这一点,古代的圣者先贤看得很清楚。圣者认为,"无欲谓之圣,寡欲谓之贤,多欲谓之凡,得欲谓之狂"。圣人之所以为圣人,就在于他心灵的纯净和一尘不染,凡人之所以是凡人,就在于他心中的杂念太多,而他自己还蒙昧不知。所以,圣人了悟生死,看透名利,继而清除心中的杂质,让自己纯净的心灵重新显现。

我们都有清理打扫房间的体会吧,每当整理完自己最爱的书籍、资料、照片、唱片、影碟、画册、衣物后,你会发现:房间原来这么大,这么清亮明朗。自己的家更可爱了!

其实,心灵的房间也是如此,如果不把污染心灵的废物一块一块清除,势必会造成心灵垃圾成堆,而原来纯净无污染的内心世界,亦将变成满池污水,让你变得更贪婪、更腐朽、更不可救药。

人的一生,就像一趟旅行,沿途有数不尽的坎坷泥泞,但也有看不完的春花秋月。如果我们的一颗心总是被灰暗的风尘所覆盖，干涸了心泉、黯淡了目光、失去了生机、丧失了斗志，我们的人生轨迹岂能美好？而如果我们能"时时勤拂拭"，勤于清扫自己的"心灵"，勤于掸净自己的灵魂，我们也一定会有"山重水复疑无路，柳暗花明又一村"的那一天。

放飞心灵的风筝

学会合理的放弃

放弃是一种理智，放弃是一种跨越，一个有勇气放弃他无法实现的梦想的人才是一个完整的人。

《百喻经》里有这样一个故事：从前有一只猩猩，手里抓了一把豆子，高高兴兴地在路上一蹦一跳地走着。一不留神，手中的豆子滚落了一颗在地上。为了这颗掉落的豆子，猩猩马上将手中其余的豆子全部放置在路旁，趴在地上，转来转去，东寻西找，却始终不见那一颗豆子的踪影。

最后猩猩只好用手拍拍身上的尘土，回头准备拿回原先放置在一旁的豆子，怎知那颗掉落的豆子还没找到，原先的那一把豆子，却全都被路旁的鸡鸭吃得一颗也不剩了。

想想我们现在的追求，是否也是放弃了手中的一切，仅仅追求掉落的那一颗呢？

有时候人们为了得到更多，而失去了不该失去的东西。因此，应当学会合理地放弃。

在生活当中，我们常因得到而失去，因为得与失是辩证的，你得到多少，也会相应地失去多少。

俄国作家托尔斯泰曾写过一个短篇故事：有个农夫，每天早出晚归地耕种一小片贫瘠的土地，收成很少。一位天使可怜农夫的境遇，就对农夫说，

49

只要他能不断往前跑，他跑过的所有地方，不管多大，那些土地就全部归属他。

于是，农夫兴奋地向前跑，一直跑、一直不停地跑。跑累了，想停下来休息，然而，一想到家里的妻子、儿女，都需要更大的土地来耕作、来赚钱，他又拼命地再往前跑。实在是累了，农夫上气不接下气，跑不动了。

可是，农夫又想到将来年纪大了，养老需要钱，就再次打起精神，不顾气喘不已的身子，再奋力向前跑。

最后，他体力不支，"咚"地躺倒在地上，死了！

的确，人活在世上，必须努力奋斗；但是，当我们为了自己、为了子女、为了有更好的生活而必须不断地"向前跑"，不断地"拼命赚钱"时，也必须清楚知道有时该是"往回跑的时候了"。因为家里的亲人正等你回来呢！

有一只狐狸，看见围墙里有一株葡萄树，枝上结满了诱人的葡萄。狐狸垂涎欲滴，它四处寻找进口，终于发现一个小洞，可是洞太小了，它的身体无法进入。于是，它在围墙外绝食六天，饿瘦了自己，终于穿过了小洞，幸福地吃上了葡萄。可是后来它发现吃得饱饱的身体，无法钻到围墙外，于是，它又绝食六天，再次饿瘦了身体。结果，回到围墙外的狐狸仍旧是两手空空。

不要太羡慕那些生活过于富足和奢侈的人们，表面上，他们很幸福，实际上他们也很苦。就如同狐狸吃到了葡萄，可它得有一个绝食六天的过程，这六天可不是一般人能耐得住的。说到底，吃到了与没吃到都是那只狐狸。人也是如此，享受到与没享受到都是你自己。

记住，在巨大的诱惑面前要懂得拒绝。

人生中有失也有得。合理地放弃一些东西，才能得到更珍贵的东西。

放下就是快乐

心胸开阔的人，对待任何事情都能"拿得起，放得下"。心胸狭隘的人，是做不到的。

有这样一则故事：

两个和尚一起到山下化斋，途经一条小河，两个和尚正要过河，忽然看见一个妇人站在河边发愣，原来妇人不知河的深浅，不敢轻易过河。年纪比较大的和尚立刻上前去，把那个妇人背过了河。两个和尚继续赶路，可是在路上，另一个和尚一直抱怨那个年纪较大的和尚，说作为一个出家人，怎么能背个妇人过河呢，甚至还说了一些不好听的言语。年纪较大的和尚一直沉默着，最后他对另一个和尚说："你之所以到现在还喋喋不休，是因为你一直都没有在心中放下这件事，而我在放下妇人之后，同时也把这件事放下了，所以才不会像你一样烦恼。"

放下是一种觉悟，更是一种心灵的自由。

其实，生活原本是有许多快乐的，只是我们自己常常自生烦恼，"空添许多愁"。许多事业有成的人常常有这样的感慨：事业小有成就，但心里却空空的，好像拥有很多，又好像什么都没有，总是想成功后坐豪华游轮去环游世界，尽情享受一番。但真正成功了，却没有时间没有心情去了却心愿，因为还有许多事情让他们放不下。

对此，台湾作家吴淡如说：好像要到某种年纪，在拥有某些东西之后，你才能够悟到，你建构的人生像一栋华美的大厦，但只有外表华丽，里面却水管失修，配备不足，墙壁剥落，又很难找出原因来整修，除非你把整栋房子拆掉。你又舍不得拆掉。那是你一生的心血，拆掉了，所有的人会不知道你是谁，你也很可能会不知道自己是谁。

很多时候，我们舍不得放弃一个放弃了之后并不会失去什么的工作，舍不得放下已经过去很久很久的种种往事，舍不得放弃对权力与金钱的角逐……于是，我们只能用生命作为代价，透支着健康与年华。但谁能算得出，在得到一些自己认为珍贵的东西时，有多少和生命休戚相关的美丽像沙子一样在指间溜走？而我们却很少去思忖：我们所握的生命沙子的数量是有限的，一旦失去，便再也捞不回来。

古人云："要眠即眠，要坐即坐。"这是多么自在的快乐之道啊，倘使你总是"吃饭时不肯吃饭，百种思虑；睡眠时不肯睡，千般计较"，这也放不下，那也放不下，你又怎能快乐呢？

放飞心灵的风筝

在人来人往的世界里，你可曾拥有快乐自在？在你争我夺的国度里，你是否依旧怡然自得？在尘世喧嚣中，你的心灵是否压抑得太久了？

不要苦了自己的心灵，把它放飞吧，让它同风筝一样在自由的国度里想怎样飞就怎样飞吧！

如果你愿意，就让我们一起来这里，放飞心灵的风筝吧。

这里是一片澄碧的天空，你瞧，天空如此地分明，白与蓝谐调地搭配成一片美丽的风景。近处是深蓝色，很清纯；远处是淡蓝色，很淡雅。美丽的云朵很俏皮，一会儿靠近我们的风筝说悄悄话，一会儿又跑得远远的，把风筝抛在后面。

风筝放飞了我们的心情。久居高楼中压抑的心情终于能在空中自由地劲舞，恣意享受着驰骋的快乐。感受着温暖的风伴着漂亮的风筝扶摇上升，快乐就犹如七彩烟花在空中绽放，透明的心境也随之在蓝色的天空尽情闪烁。

风筝放飞了我们的梦想。在钢筋混凝土筑成的空间里，我们被搁置已久的梦想，终于能同心情一块上路了。让它飞吧，自由自在地飞吧！脚踏茵茵青草，头顶湛蓝天空，梦想怎能不飞呢？

风筝放飞了我们的情感。在这样风和日丽的日子，且让我们把美丽的情愫系于风筝之线，让它在广阔深情的天空下洗礼得更加圣洁。

放飞一只心灵的风筝，让它在美丽的蓝天下尽情飞翔，让美丽的天空不再空荡；放飞一只心灵的风筝，让它在湛蓝的天空里愉快欢唱，让我们的世界不再孤寂；放飞一只心灵的风筝，让它在心灵的城堡里快乐劲舞，让我们的生活不再烦闷枯燥。

打造心灵的健康

上帝的忠告

曾经听过这样一个故事——采访上帝。

彼得在梦中见到了上帝。上帝问他："你想采访我吗？"

彼得说："我很想采访你，但不知道你是否有时间。"

上帝笑道："我的时间是永恒的。你有什么问题吗？"

彼得问："你感到人类最奇怪的是什么？"

上帝答道："他们厌倦童年生活，急于长大，而后又渴望返老还童。他们牺牲自己的健康来换取金钱，然后又牺牲金钱来恢复健康。他们对未来充分忧虑，但却忘记现在；于是，他们既不生活于现在之中，又不生活于未来之中。他们活着的时候好像从不会死去，但死去以后又好像从未活过……"

上帝握住彼得的手，他们沉默了片刻。

彼得又问道："作为长辈，你有什么经验想要告诉子女的？"

上帝笑道："他们应该知道不可能取悦于所有人——他们所能做到的只是让自己被人所爱。他们应该知道，一生中最有价值的不是拥有什么东西，而是拥有什么人。他们应该知道，与他人攀比是不好的。他们应该知道，富有的人并不拥有最多，而是需要最少。他们应该知道，要在所爱的人身上造成深度创伤只要几秒钟，但是治疗创伤则要花上几年时间。他们应该学会宽恕别人。他们应该知道，有些人深深地爱着他们，但却不知道如何表达自己的感情。他们应该知道，金钱可以买到任何东西，却买不到幸福。他们应该知道，得到别人的宽恕是不够的，他们也应当宽恕自己。"

彼得最后问道："那么，你对人类有什么忠告吗？"

上帝回答道："每个人都应该祈求自己，具有一个健康身体里面的一个健康的心灵，并且要为打造心灵的健康不断努力奋斗。因为只有具有健康的心灵，人类才能够感受到生活美好！"

这虽然是一则小寓言，但道理十分深刻。我们每个人的生命都自成一个宇宙，它高深莫测。而人生其实就是对这个宇宙的一次探险，在这中间充满了惊险与挑战。这是一个不断奋斗、不断感到茫然，不断收获、又不断感到失望与不满的过程。

人生苦一些不怕，穷一点也不要紧。怕只怕为了一种虚妄的目的，一种也许永远都无法实现的幻想，却完全忽视了对生命本身的拥有和真爱。

美德是心灵的健康剂

美德是一杯香茗，是一杯美酒，是一朵芳香四溢的鲜花。美德可以让心灵摆脱痛苦，心灵被美德所占据，烦恼、纷争等便失去了生存的空间，欲望便会枯萎。快乐是美德所结出的硕果，拥有美德，便拥有快乐。

有这样一位哲学家，他带着他的一群学生去漫游世界，10年间，他们游历了所有的国家，拜访了所有有学问的人，现在他们回来了，个个满腹经纶。在进城之前，哲学家在郊外的一片草地上坐下来，对他的学生说："10年游历，你们都已是饱学之士，现在学业就要结束了，我们上最后一课吧！"

弟子们围着哲学家坐了下来，哲学家问："现在我们坐在什么地方？"弟子们答："现在我们坐在旷野里。"哲学家又问："旷野里长着什么？"弟子们说："旷野里长满杂草。"

哲学家说："对，旷野里长满杂草，现在我想知道的是如何除掉这些杂草。"弟子们非常惊愕，他们都没有想到，一直在探讨人生奥妙的哲学家，最后一课问的竟是这么简单的一个问题。

一个弟子首先开口说："老师，只要有铲子就够了。"哲学家点点头。

另一个弟子接着说："用火烧也是很好的一种方法。"哲学家微笑了一下，示意下一位。

第三个弟子说："撒上石灰就会除掉所有的杂草。"

接着第四个弟子说："斩草除根，只要把根挖出来就行了。"

等弟子们都讲完了，哲学家站了起来，说："课就上到这里了，你们回去后，按照各自的方法除去一片杂草，一年后再来相聚。"

一年后，他们都来了，不过原来相聚的地方已不再是杂草丛生，它变成了一片长满谷子的庄稼地。同样，要想让灵魂无纷扰，唯一的方法就是用美德去占据它。

中华民族有许多传统美德，诸如：助人为乐、拾金不昧、安贫乐道等等。助人为乐者，予人乐也予己乐，帮助困难中的人做一点力所能及的事情，过后看着别人那挂满笑容的脸，自己心里何尝不是欣慰得很呢？拾金不昧者也是快乐的，捡到别人丢失的东西，如果占为己有，则会整天提心吊胆，总担心被别人认出来或是东窗事发，这种私欲，要以长期甚至是终生忍受心灵的折磨为代价。相反，如果能拾金不昧，则会皆大欢喜。总之，只有拥有美德的人才能让烦恼无法接近，才能拥有一颗快乐的心。

苏东坡说："吾上可陪玉皇大帝，下可陪卑田院乞儿。眼前见天下无一个不好人！"美德是心灵的健康剂，它让人有一颗平常心，有一颗爱心。拥有了美德，我们便不会与人争名夺利，凭空与人起纷争，便不会为一丝小利而烦恼。美德本身就是报酬，它能给人们带来最高尚而真实的快乐，在美德的磨刀石上，我们爱心的刀刃会更加锋利。

学会笑对人生

生活中总有些使人感到窘迫和难堪的时候，面对不利的局面，如果你觉得不知所措，惶恐不安，那你就是一个消极被动者。反之，如果你能以笑声来面对窘境，那你就超越了它，成了一个积极主动的人。

笑声对人们来说是最有效的兴奋剂之一，这也是我们所知道的从人们身上能够发射出来的第二个具有高能量的情绪（最具有能量的就是爱），笑声可以成功地抑制焦虑，协助调整自我的压力、沮丧、恐惧和忧虑。而且还有促进治疗疾病的功效。笑声可以让人们从生理以及心理上获得舒缓。大笑就像是在慢跑一样，可以增强呼吸，帮助体内的氧化作用，松弛紧绷的肌肉，而且笑声也几乎是所有痛苦的克星。笑声可以缓和上升的血压，笑声更可以让你对于已经习以为常的平淡生活，重新地赋予新的面貌。笑声绝对是一种不分国界和种族的沟通语言，让你不管身处何地都可以因为笑声而与人达成沟通与交流。

你不可能一边笑一边生气，你也不可能一边笑一边担心别的事情，所以压力及忧虑是不可能跟笑声同时并存的。

笑声是一种低热量，不含咖啡因、盐分及其他任何化学添加物的东西；笑声是一种非常纯净而自然，并且适用于任何人的东西；笑声是上帝所赋予人类的礼物，你可以随时尽情地大笑。

笑声是会传染的，一旦你开始大笑就很难立刻停止下来。大笑从来都不会让人觉得有罪恶感，许多情况就是以吵架作为开场却以笑声作为和解的。笑声更是一种在施与受之间交流的关系，笑声是一种无价之宝，同时在你发出笑声的时候，也绝对不会有人来跟你收取税金的，所以我们可以尽管放心地大笑。

笑声是一种趋势，如果我们在一天的早晨就想到可以让自己大笑的事情，那么在这一天中接下来的时间里面，一定都会经常有笑声从我们的口中溜出来的。而在所有的笑声里面，最有建设性的莫过于自我解嘲了。因为只要我们可以自我解嘲的话，我们就会为那样的细胞留下一点点的空间，接受别人对我们的嘲弄了。

我们应该学会笑对人生，相信生活不会亏待每一位热爱它的人。

生命的航船难免遇到险滩恶浪，如何驾驶生命的小舟，让它迎风破浪，驶向成功的彼岸？这需要你我的勇气，不管风吹浪打，胜似闲庭信步，以百折不挠的意志去面对困难，以一种平常心去面对挫折；自信天生我才必有用，相信你会从山穷水复疑无路峰回路转至柳暗花明又一村的境地，迎接你的必将是山巅的无限风光。人生难免有起伏，没有经历过失败的人生不是完整的人生。没有河床的冲刷，便没有钻石的璀璨；没有地壳的底蕴，便没有金子的辉煌；没有挫折的考验，也便没有不屈的人格。正因为有挫折，才有勇士与懦夫之分，愿你我都能做不屈的斗士。记住"天将降大任于斯人也，必先苦其心志，劳其筋骨，饿其体肤，空乏其身，行拂乱其所为，所以动心忍性，曾益其所不能"。这便是磨难、逆境塑造人的过程。人的一生，需要奋斗；唯有奋斗，才有成功。幸运的花环，只属于那些做好了特殊准备的人。在奋斗中寻找乐趣，与天奋斗，其乐无穷。当你播撒的汗水结出丰硕的果实时，你必然会体会到成功的欣喜，从而树立自信，更加坚定地奋斗不息。

很多人对人不尊重、对事不负责、对自己不要求、对物不珍惜、遇到挫折情绪就翻腾——这是在拿情绪惩罚自己、拿错误惩罚别人。告诉自己，挫折只是一件事，不能占据你的整个心灵，否则就是把快乐拒于门外；相对的，如果你有满心的快乐，挫折就进不来。

一张笑脸，一个真挚的眼神，一句知心的话，都会给处于困境中的人以莫大慰藉，以融化他们心中的坚冰，鼓起生活的希望，增强生活的信心，让漂泊在黑暗之中的心灵小舟找到停泊点。敞开你的心扉，微笑面对生活，用一颗心去拥抱生活，让灿烂的笑靥荡漾在青春的脸庞。学会笑对人生，你将无所不敌。

储蓄心灵的资本

宠辱不惊

戴尔·卡耐基说："学会控制情绪是我们成功和快乐的要诀。"

英国实业家德菲尔曾经许下宏愿：要用海底电缆把欧美两个大陆连接起来。当时，他成为美国最受尊敬的人，被誉为"两个世界的统一者"。在举行盛大的接通典礼上，刚被接通的电缆传输信号突然中断，人们的欢呼声变为愤怒的狂涛，都骂他是"骗子""白痴"。可是，德菲尔对于这些毁誉只是淡淡地一笑。他没作任何解释，只管精心研究，工夫不负有心人，过了6年，他最终通过海底电缆架起了欧美大陆之桥。在庆典会上，他没上贵宾台，只远远地站在人群中观看。

一个人的自我心理调节能力，是一种理性的自我完善。这种心理调节能力，在实际行为上显示出强烈的意志力和自持力。它使人以平和的心态来应对功名利禄、挫折失败，将自己的命运牢牢地掌握在自己手中。

若是成功了，你要时时记住，世上的任何一样成功或荣誉，都依赖周围的其他因素，绝非你一个人的功劳。若是失败了，你也不要一蹶不振，只要奋斗了，拼搏了，就可以无愧地对自己说，"天空没有翅膀的痕迹，但我已飞过。"这样你就会赢得一个广阔的心灵空间，得而不喜，失而不忧，把握自我，超越自己。

人生无坦途，在漫长的人生道路上，谁都难免要遇上厄运和不幸。科学巨人爱因斯坦在报考瑞士联邦工艺学校时，竟因3门功课不及格而落榜，被人耻笑为"低能儿"。小泽征尔这位被誉为"东方卡拉扬"的日本著名指挥家，在初出茅庐的一次指挥演出中，曾被中途"轰"下场，紧接着又被解聘。为什么厄运没有摧垮他们？因为他们始终把荣辱看作是人生的轨迹，是人生的一种磨炼，假如他们没有当时的厄运和无奈，也就没有日后绚丽多彩的人生。

世上有许多事情的确是难以预料的，成功伴着失败，失败伴着成功，人本来就是失败与成功的统一体。人的一生有如簇簇繁花，既有红火耀眼之时，也有暗淡萧条之日。面对成功或荣誉，要像德菲尔那样，既不狂喜，也不盛气凌人，把功名利禄看轻些，看淡些；面对挫折或失败，要像爱因斯坦、小泽征尔那样，既不自卑，也不自暴自弃。这样，你一定能飞得更高、更远。

随遇而安

俗话说："人生不如意之事十有八九。"我们一生中不可能永远都是风平浪静的。人生际遇不是个人力量所能左右的，而在诡谲多变、不如意事常八九的环境中，唯一能使我们不觉其拂逆的办法，就是使自己"随遇而安"。

一次，某人从农村搭运东西的车子回城里，车到中途，忽然抛锚，那时正是夏天，午后的天气，闷热难当。在烈日炎炎的公路上无法前进，真是让人着急。他当时一看这种情形，就知道急也没有用处，反正得慢慢等车子修好才可以走。于是，他问了问司机，知道要三四个小时才可以修好，就独自步行到附近的一条河里游泳去了。河边清静凉爽，风景宜人，在河水中畅游之后，他暑气全消。等他游泳兴尽回来，车子已修好待发，趁着黄昏晚风，直驶城里。之后，他逢人便说："那真是一次最愉快的旅行！"随遇而安的妙处由此可见一斑。假如换了别人，在这种情形之下，可能只好站在烈日之下，一面抱怨，一面着急，而那个车子也不会提早一分钟修好，那次旅行也一定是一次最痛苦、最烦恼的旅行。

环境和遭遇常有不尽如人意的时候，问题在一个人怎样面对拂逆和不顺，知道人力不能改变的时候，就不如面对现实，随遇而安。与其怨天尤人，徒增苦恼，还不如因势利导，适应环境，在既有的条件中，尽自己的力量和智慧去发掘乐趣。

歌曲之王舒伯特说过："只有那些能安详忍受命运之否泰者，才能享受到真正的快乐。"当我们处于无可改变的不如意境遇的时候，只有勇敢面对，并且从容地在不如意中去发掘新的道路，才是求得快乐宁静的最好办法。

随遇而安，要求我们暂时顺应现实生活的不如意，这样是为了以后尝试用新的办法，去解决问题，能够忍受一时的痛苦，才能有最终的快乐。

吃亏是福

唐代的两位智者寒山与拾得的对话从某种意义上来说对我们很有启发。

一日，寒山谓拾得："今有人侮我、笑我、藐视我、毁我、伤我、嫌恶恨我、诡谲欺我，则奈何？"拾得曰："子但忍受之，依他、让他、敬他、避他、苦苦耐他、不要理他。过几年，你再看他。"

那个高傲不可一世的人结局就可想而知了，而我们也一定可以想象得出寒山的胜利的微笑——尽管这可能是一种超脱圆滑者的微笑。不过，它的确会给我们的生活带来一些好处。

所以，如果我们知道福祸常常是并行不悖的，而懂得福尽则祸亦至，而祸退则福亦来的道理，那么，我们就真的应该采取"愚"、"让"、"怯"、"谦"这样的态度来避祸趋福，所以"吃亏是福"不失为人生一种特殊的处世哲学；"吃亏是福"也是一种生活的艺术。

"吃亏"大多是指物质上的损失，倘使一个人能用外在的吃亏换来心灵的平和与宁静，那无疑就获得了人生的幸福。有位哲人曾写下下面这段令人怦然叫绝的文字，的确是对"吃亏是福"最好的诠释。在此引用，以与大家共赏。

人，其实是一个很有趣的平衡系统。当你的付出超过你的回报时，你一定取得了某种心理优势；反之，当你的获得超过了你付出的劳动，甚至不劳而获时，便会陷入某种心理劣势。很多人拾金不昧，绝不是因为跟钱有仇，而是因为不愿意被一时的贪欲搞坏了长久的心情。一言以蔽之：人没有无缘无故的得到，也没有无缘无故的失去。有时，你是用物质上的不合算换取精神上的超额快乐。也有时，看似占了金钱便宜，却同时在不知不觉中透支了精神的快乐。所以先哲强调"吃亏是福"，就是这样一个道理。现实生活中，很多人以低调的姿态做着各种各样的好事，在不同的程度上，他们当然就是我们常说的"圣人"。

吃亏是福，生命中吃点亏算什么！吃亏了能换来非常难得的和平与安全，能换来身心的健康与快乐，吃亏又有什么不值得的呢？况且，在吃亏后和平与安全的时期，我们可以重新调整我们的生命，并使它再度放射出绚丽的光芒。

诚实是金

诚实是我们做人的一条基本准则，是我们前进道路上的通行证。

有这样一个故事：从前，有一个已经很老很老的国王，身边没有一个子女。于是，他决定从全国的孩子中挑出一个作为继承人。国王给每个孩子发了一粒花的种子，让他们回家种在土里。"一年以后，谁培育的种子开的花最漂亮，谁就可以继承我的王位。"

一年的时间很快就到了，全国的孩子们都捧着自己的花盆来见国王。花盆里的花都很漂亮，有的是娇艳玫瑰，有的是粉嫩的牡丹。但是，国王的脸色却越来越严肃了。

这时，在人群中出现了一个满脸沮丧的小孩，他的花盆里什么也没有，因此遭到了其他孩子的嘲笑。国王向他走过去，好奇地问道："为什么你的花盆里什么也没有？"小孩伤心地说："我把种子种进土里，每天都精心地浇水呵护，可它就是不发芽，我想是我太笨了。"

没想到国王却笑了，他拉着小孩走到王座旁边，向众人宣布："这个小孩就是未来的国王。"

其他人大吃一惊，纷纷表示不服。国王一语道破玄机："给你们的种子全是炒过了的，根本不会长出任何东西。但它却能种出诚实，只有诚实的人才能坐上王位。"

诚实是金，只要我们拥有了诚实，我们便是为自己前进的道路加了一个成功的砝码。

第三部

一生的资本

提炼自《一生的资本》（［美］奥里森·马登著）

【关于本书】

这是美国第二十五任总统（1897～1901年）麦金莱推荐给全美年轻人的书，被我国著名作家林语堂誉为"成功圣经"。

【点亮心灯】

1. 体力和精力是我们一生成功的资本，我们应该阻止这一资本的无效消耗，要汇集全部的精神，对体力和精力作最经济、最有效的利用。

——《一生的资本》

2. 伟大的人并不是能够改变物质的人，而是能够改变自己心境的人。

—— 爱默生

成就完美人生的性格资本

性格决定成败

成功是每个人从事任何一项活动乃至整个人生所希望达到的境地，成功地做一件事、成功地度过人生是每个人的愿望。

成功地做事、成功地度过人生固然跟我们付出的努力有重大关系，但很多时候，我们付出了巨大的努力，本以为应该成功，但事实上，我们并没有成功。其中的原因可能有很多：会有客观的原因，诸如遇到了困难；会有主观的原因，比如我们的性格。

对任何人而言，做任何事情都与性格有关，是性格在决定着我们对事对人的态度，是性格在决定着我们为人处事的方法，是性格在决定着我们是否能争取到新的机会等，以至于有人认为"性格就是命运"。性格何以对成功如此重要呢？

这是因为它和德、识、才、学等因素一样，同是构成一个人内在因素的重要组成部分。一般来说：德，反映着一个人的思想品质和道德风貌，决定着个人的发展方向。识，反映着个人判断事物、分析事物的准确性和深刻程度。才，反映着个人在能力素质上的强弱程度。学，反映着一个人知识的广度和深度。而性格，则反映着个人的胸襟、度量、意志、脾气和性情，影响着个人的精神状态，决定着个人的行为特征。这5方面的因素，共同组成一个人的内在素质。而任何人对自己行为的指导和支配，都是由其整个内在素质共同起作用的，其中任何一方面的缺陷都会使整个内在素质遭到削弱。

现代许多科学家认为，只要充分发挥每个人自身的才能潜力，大部分人都有可能成为科学家和发明家。然而事实上，能够有所发现、有所发明、有所创造的人太少了。造成人们才能埋没的，有多方面的原因，而不良性格就是其中的一项。

一个人要把自己的才能充分发掘出来，必须具备一定的优良性格。

人们对有创造能力的科学家进行研究发现，这些人都具有不同常人的性格特征，这些性格特征表现为如下几个方面。

(1) 具有恒心、韧劲和能力的持续性。他们都能长期从事极为艰苦的工作，甚至在看来希望渺茫的情况下，仍然坚持到底。

(2) 儿童时代就具有顽强追求知识的欲望。他们幼小时常常对难以想象的新奇东西看得着了迷，不管要挨多么严厉的训斥，但受好奇心的驱使，总想去试试。

(3) 具有鲜明的自立、自主的独立倾向和独创性格。他们留心周围的事物和见解，但不轻易相信，凡事有主见，不以别人指示的方法，作为自己工作的准则。

(4) 有雄心，肯努力，不甘虚度一生，想为世间留下一些有用的东西。

(5) 充满自信。他们敢于坚持自己的意见，同时和他人进行热烈的争论，而且在争论中常常处于支配地位。

(6) 精力充沛，干劲大。他们在工作中始终充满着力量。

凡是在科学上有所造就，智力、才能得到充分发挥的人，都有其一定的性格方面的条件。优良的性格，是保证我们的智力、才能得到充分发挥的必不可少的条件。如果忽视性格修养，让许多不良性格支配着自己，即使有较高的智力和才能，也会被不良性格所压抑而发挥不出来。在日常生活中，在我们的周围，因性格的缺陷而导致才能被压抑的人和事，是相当普遍地存在着的。

没有雄心抱负，甘愿随波逐流，追求现实的安乐和享受，是压抑智力、才能的性格特征之一。许多人未能获得成功，往往并不是不能干，而是不想干。他们思想懒惰，追求舒适，宁愿在安闲中过日子，而不愿做长期的艰苦的努力。这样，他们的智力、才能就被懒惰这把锈锁锁住了，天赋再高，智力再好，也因得不到充分发掘而被白白浪费掉。

严重的自卑感，是压抑智力、才能的性格特征之二。有的人本来在某些方面很有发展潜力，但由于他们不相信自己，瞧不起自己，因而认识不到自己的才能潜力，即使露出了具有真知灼见的思想萌芽，也会因为自我怀疑而遭到自我否定。一个对自己的能力缺乏自信的人，永远不会提出大胆的设想和独到的见解。

依赖和顺从，易受暗示，容易接受现成结论，是压抑智力、才能的性格特征之三。有的人天赋智力素质不错，如果把自己的思想机器充分开动起来，独立思考，就可以提出许多自己的独到发现和见解，但由于性格易受暗示，容易顺从，有了现成的观点和结论，就全盘接受，不愿再去动脑筋想，使自己的思想机器很少有充分开动的时候，当然也就提不出多少自己的独到发现和见解。

缺乏毅力，意志薄弱，也是压抑智力、才能的一种不良性格。有的人在从事某项研究之初，曾表现出很大的热情和才华，但若遇到十几次、几十次的挫折和失败，便会心灰意冷，"收兵回朝"，不想再干了，结果也造成了自己智慧和才能的埋没。

其他如兴趣容易转移，注意力不能长久地集中于一个目标；虚荣心强，目光短浅，总想在细小事情上胜过别人而忽视对事业的追求，等等，也都是压抑智力、才能的不良性格特征。显然，不认真进行性格修养，克服上述妨碍聪明才智充分发挥的不良性格，就会增加成功的阻力和困难，使自己难以成为出色的人才。

性格决定命运

印度有一句的谚语："播种行为，收获习惯；播种习惯，收获性格；播种性格，收获命运。"人的命运虽不可选择，但却不是既成的。人无法选择自己的出身，也无力改变所处的环境，但人可以改变自己的思想。当你遇到挫折时，可以让自己屈服，从此放弃努力，甘于平庸的生活；也可以坚忍不拔地走下去，最终获得充实而成功的人生。因此，只有把握自己的性格，才能真正把握自己的命运，把握自己的人生。

《时间简史》是一部畅销全世界的科普著作，它的作者斯蒂芬·霍金是一个丧失了语言能力、全身能动的只有右手的三个手指的残疾人。正是这样一个残疾人，被科学界公认为继爱因斯坦之后最伟大的理论物理学家。每一位有幸见到他的人，都会对人类中居然有如此的灵魂而从内心产生深深的敬意。霍金在 21 岁时被确诊为患有不可治愈的运动神经病。医生断言他只能活两年半，而他并没有被致命的打击吓倒，他以自己的执着和坚定粉碎了医生的预言。他先后被选入伦敦皇家学会，被任命为卢卡逊数学教授——这是曾为牛顿获得的荣誉职位。这是一位划时代的英雄。他的伟大在于性格的伟大，刚毅的性格使他藐视身体的痛苦，对梦想与成功的执着追求使他能付出巨大的勇气和毅力。敢于挑战、顽强拼搏的人，就能战无不胜，而世界是属于一往无前的人的。

身体的残疾是无法改变的命运，但生活的成功与幸福却是可以创造的命运。一个坚强、勇敢、自信、宽容、谦虚的人，比起一个怯懦、自卑、自私、自大的人，成功的机遇和可能要大得多。戴尔·卡耐基有一个著名的论断：一个人的成功 85% 归于性格，15% 归于知识。性格、意志、情绪等非智力因素在一个人的成功中起决定作用，而智力和知识并不是最重要的。美国斯坦福大学的一位教授曾经对 1 000 多名智商在 140 分以上的天才儿童进行过长达几十年的跟踪研究。在研究中，他把这些人中最有成就的 150 人和成就最低的 150 人进行了比较。他们在智力上相差甚微，而能否取得成就的原因主要在于性格特征的差别：自信或不自信，自卑或不自卑，坚毅或不坚毅，是否有适当的适应能力和实现目标的动机等。可见，成功与否是由自己决定的，命运如何是由性格决定的，性格即命运。

事业上的成功离不开良好的性格品质，个人生活上的成功更离不开良好的性格。具备良好性格才能有充实幸福的人生。一个人对学习充满热情，就会发现学习中的乐趣。对集体利益充满热情，他的才华就会在集体中充分展示。对他人多一份关心与帮助，就会更多地得到别人的帮助与支持。以宽容和诚实之心对待别人，就会得到珍贵的友情、爱情、亲情以及师生情。性格勇敢坚强，就不会为生活中的挫折而烦恼。性格乐观则能更多地感受生活中阳光的温暖。幸福是一种对生活的体验。态度不同，性格不同，对幸福的体验就会不同。命运本身也许并无好坏，人以什么态度来对待它，才是命运好坏的根本原因。

性格具有很大的可塑性。良好性格的形成更离不开个人的主观努力。只要从小事做起，从现在做起，从身边做起，就可以逐渐形成良好的性格。如果你认为自己不够关心别人，那么当你看到别人遇到困难时，主动地伸出你的手，尽你力所能及去帮助他们，这样一来，你就能逐渐养成乐于助人的性格。无论在学习或生活中，遇到挫折和困难，你都要时刻提醒自己坚持下去。既然认定是应该做的事，就要毅然决然，义无反顾，这样的人，性格怎会不刚毅？以宽容之心对待朋友和同学，以严格之心要求自己，不断地播下性格的种子，终能收获自己憧憬的未来。

塑造讨人喜欢的性格

所谓讨人喜欢的性格，就是喜欢人的性格。与此相反，所谓惹人生厌的性格，也就是回避人、排斥人、轻视人，或者遇事一味考虑自己的观点、立场和利害得失，因而最后形成惹人生厌的性格。

也就是说，讨人喜欢和惹人生厌，这两者是互为因果关系的。

世界上任何一个人，并非一生下来就具有讨人喜欢或惹人生厌的性格。讨人喜欢的性格的形成，是一个相当特殊的过程——关键在于他在整个成长过程中有人喜欢、有人爱护和有人关怀。

讨人喜欢的性格，可以说是在这样的条件下形成的：从孩提时就不断有人喜欢，因而喜欢别人的机会也多。与此相反，惹人生厌的性格，大都是在被忽视、遭人厌弃的环境中形成的，因而自然会变得讨厌别人、怀疑别人、不相信别人，进而不能与别人保持和睦的关系，最后往往会给人以"令人生厌"、"冷若冰霜"、"不可捉摸"、"难以接近"和"自私任性"等印象。

一个人性格雏形的形成，在很大程度上取决于父母如何养育。在这个基础上，通过与幼儿园及学校中的小朋友的接触和交往，其性格往往会得到进一步发展，从而产生各种各样的变化。值得一提的是，各种各样的爱、信赖和尊敬，是受怎样与朋友交往、以什么样的心情交往、参加何种游戏和活动等制约的。在与朋友交往以及参加某种游戏和活动的过程中，你会交上许多你所喜欢的朋友，同时也将面临讨人喜欢或惹人生厌的人际关系，从而导致你的性格朝着讨人喜欢或惹人生厌的方向发展。另外，如果你所喜欢的朋友背叛了你，或者有了嫉妒心和竞争心，你就会逐渐产生嫌恶的心理，有时甚至还会故意说出令人生厌的话，或做出令人生厌的事，以进行报复。

在工作单位中，有的领导者讨人喜欢，而有的领导者却惹人生厌。同样的，在同事中也存在着类似的问题。在家庭中，夫妻双方尽管经历过恋爱阶段，而且相互发誓在人生的旅途中永远同甘共苦，可是夫妻之间仍然难免会出现如下的情景：一方以所谓的"性格不合"这种含混不清的表面理由提出离婚，或者干脆抛弃家庭一走了之。在恋爱阶段，正所谓"情人眼里出西施"，男女双方都会在对方的脸上，蒙上爱情和倾慕的面纱，从而产生"我们正在进行千载难逢的恋爱，全世界都在为我们祝福"的感觉。可是结婚后，却往往会出现一方或双方对于对方言行逐渐感到厌烦和无法忍受的情况，从而导致夫妻反目——双方在家里见了面，甚直连话也不想说。这样，整个家庭的气氛就变得冷冰冰的，不久就会为一些鸡毛蒜皮的小事而争吵不休，而后，双方又会说出"以前可不知道，你有这种性格"，"以前完全被你表面的言辞和态度所迷惑了，如今总算看透了你的本质"之类的话，为择偶过程中的草率从事而感到后悔莫及。对于这种情况，我们可以这样理解：对方具有你所喜欢的性格，即讨人喜欢的性格，起码当初你是把它作为讨人喜欢的性格来加以接受的。可是后来你的观点发生了变化，不再认为这种性格是讨人喜欢的了。

如上所述，讨人喜欢或惹人生厌的性格，具有引起人们好恶的基本因素；一个人在其成长过程中是否受到爱抚，对于性格的形成有着重要的作用。与此同时，性格还会在人际关系及其发展的影响下发生变化：讨人喜欢的性格会变成惹人生厌的性格；惹人生厌的性格则会变得不那么惹人生厌，有时甚至反而会变得讨人喜欢。因此，我们要想取得更多的成绩，就必须注意在现实生活中，塑造讨人喜欢的性格，并要尽量地去喜欢别人。

成就完美人生的魅力资本

解读魅力的格调指数

　　谈到魅力,以往人们常常会联想到美貌、青春等这些外表印象。而如今,"魅力"的概念早已变得不那么单一、直观了。魅力不再仅仅针对外在容貌而言,更含有生活态度、为人处世、个性品位等方面的成分。不妨让我们来看看以下一些从日常生活中总结出来的增添魅力妙招。

　　(1)神态表情自然而丰富。在人与人的相互沟通中,表情是最有效率的交流,也是心有灵犀的交流境界。日常神态表情的单调、固定化,易带给人呆板无趣之感。让表情自然而生动地流露出你对生活每时每刻的感受吧,即使你相貌平平,也会由此而显得率真、可爱,从而充满吸引力。

　　(2)穿衣采取精简原则。里三件外三件式的多重穿衣,令原本利落的身体徒增许多累赘感,而且领端袖口杂色纷呈,降低了形象的品质。尽量减少身上衣服的件数,甚至将羊毛衣、皮装、风衣等直接贴身穿,才能让人觉得更加神清气爽、收放自如。当然,这样的穿法在寒冷季节具有一定的挑战性。不妨将原来准备买几件衣服的钱用来购置一至两款价高但保暖性强的棉芯衬衫、羊绒衣,来维持形象的简洁清朗。

　　(3)清新口气。即使身上衣冠楚楚,若口带异味,也会令个人形象分大打折扣。口腔中的不良气味,多由于烟、酒、蒜、葱等气味浓重的食物以及呼吸道疾病、胃肠疾病、便秘、口腔溃疡、龋齿、口腔干燥所引发,解决的办法是及时去医院诊疗、调整饮食结构、逐步培养良好的口腔卫生习惯。日常生活中,还可以采用以下几种较简易的方法去除口臭:在清晨空腹饮一杯淡盐水;随身携带口腔清新喷雾剂;经常咀嚼无糖口香糖或茶叶。

　　(4)适度保持自我。有时候,过于迁就、盲从大流、无主见的性格反而会招致人反感或让人忽略,感觉不到你的存在。即使在公众场合,适度地保持自我也是应该的。不妨想说就说,想笑就笑,想穿牛仔裤就不要难为自己老扮绅士淑女。但是切忌声音尖厉、粗俗，也不要走极端，以为与周围环境反差越大就越能突出自我。要学会做水果拼盘里的那片菠萝或柠檬，既独特，又合群。

(5) 谈吐风趣幽默。风趣的谈吐是男性的处世法宝，也是女性的魅力元素。偶尔开一些无伤大雅的小玩笑，或侃些调皮的小笑话、恰到好处地正话反说、适当地自嘲一下，在令人乐不可支的同时，也会使你充满情趣的形象更深入人心。如果你天生缺乏幽默细胞，那么也不要紧，多看看书，特别是漫画书，看看电视、听听广播里的智力游戏节目，有意无意地储备这类知识，诙谐的灵感便会适时地在你头脑里冒出来。

怎样做个有魅力的人

魅力是个人通向成功的一笔无形资产，它可以使你更加容易地到达成功的顶峰。纵观古今所有成功者，他们身上都或多或少地具有魅力资质。魅力不是天生的，它可以在我们的日常生活中逐渐培养。以下 7 条原则，就是教你如何做个有魅力的人的。

(1) 接近艺术。虽然你的工作并不很轻松，虽然现在的消遣、应酬、家务、动脑筋挣钱等等活动让大家越来越浮躁、越来越实际，但你如果不忘在床头搁本喜欢的画册、美文集等，晚上拧亮台灯在若有若无的轻音乐声中翻阅，既可以让人平和宁静，又可以让人的知识水平有所提高。假日里，去美术馆、音乐厅感觉艺术气息，拉近自己和艺术的距离，试着让自己成为一个充满艺术气质的人。

(2) 掌握流行品位。生活的各个方面都存在着流行，发型、饮料、音乐，你不应拒绝流行，但也不要盲目跟随潮流，被流行迷失自己，要懂得利用余暇充分享受流行的乐趣，懂得让自己与流行保持距离，使自己能够随心所欲地掌握流行。有人由于工作所累，便认为流行与自己无关，对流行失去了兴趣，并且觉得这样也过得很好，这就大错特错了。流行可以开拓生活领域，在流行中会让人生活得更加愉快。如果过分死守陈旧的自己，内心怎能灵活自如？通过看电影、电视，通过和朋友交流，通过阅读杂志，通过画展，通过博览会甚至通过逛街了解流行、感受流行，又凭自己的喜好选择流行，这样才会使你保持既现代又古典的魅力，才会让你自己始终保持好奇心。

（3）早餐营养常识。一个人的迷人的气质还取决于他神采奕奕的精神状态，其要点是"注意早餐营养"。由于早上是新陈代谢机能开启的时刻，如果忽略了营养的重要性，不仅会影响人一天的工作，而且长期下来，更可能使身体虚弱、精神状态欠佳。

（4）有一项得意专长。经过长久积累、用心领悟，你的绘画知识比同事丰富许多，即使偶尔一露，也使你更加闪耀动人。其实，不管是研究文学、外语还是足球、烹饪，只要是自己喜欢的东西都可以尽情尝试，若是能在工作以外拥有一项得意专长，不仅可令朋友羡慕，更能令你闪闪发光。

（5）享受孤独。生活总有烦恼，即使你遭遇失意，遭遇对朋友倾诉也无法驱除的空虚与寂寞时，也不要仓皇失措，而是应该将注意力转到自己的兴趣之中，听音乐、读书，尝试利用弹性丰富、张力十足的生活态度引导出一个崭新的自己。视这种孤独的感觉为一种享受，心境反而会豁然开朗起来。

（6）坐立有型。同样坐或立，有人显得平淡无神，而有人就传递出一种清新的气息，让人看着舒服。正确的坐姿应紧缩小腹，放松肌肉，让它在全然轻盈的状态之中呈现出最好的效果。正确的站姿是胸部扩张，背脊伸直、下巴收缩，收小腰、双腿内侧使力，脚后跟并拢，膝盖打直，肩膀自然下垂，不需使力。这样，看上去才会觉得挺拔、优雅。

（7）着装得体。服装是展示一个人精神面貌的重要组成部分，服装可以帮助你增强自我表现力，从而使你的形象更加完美。我们在日常生活中，选择服装的样式，虽然不必走在流行前端，但至少不能显得陈旧落伍，应尽量表现出蓬勃的朝气。除了在格调上讲求清爽之外，实际生活当中的清洁工作也十分重要。清爽，顾名思义指的就是干净整洁，必须从上到下，由里到外，均能保持真正的整洁才可以。

展示你的独特魅力

古往今来，善于展示自己的独特魅力，自荐成功的例子很多。现实生活表明，如果你拥有一种令人倾倒的人格魅力，那么，你在人生的旅途中就会游刃有余，这也意味着你拥有了一笔巨大的财富，它会使你享受人生的欢乐和喜悦，会使你赢得身边人的信任，轻松地走上成功之路。

展示自己独特的魅力，从而脱颖而出的例子，在我们国家流传有许多，毛遂自荐就是这样一则广为人知的故事。

战国时赵国平原君手下有食客三千。秦国入侵赵国时，平原君奉命出使楚国，平原君要选门下文武兼备的20人与他同行。最初毛遂不在人选之列，于是他便向平原君推荐自己。平原君迎头一瓢冷水说："有才能的人活在世上，就像是锥子藏在口袋里，没有见面也能见到他的锋芒，如今先生在我这里三年了，一直默默无闻，可见先生没有才干，你还是留在这里吧！"毛遂并没有因平原君的贬责产生畏惧之心，反而信心百倍地说："那么我今天就请求进入你的口袋，我进入口袋之后，才有脱颖而出的机会，我的锋芒只是没有让您见到而已。"几经自荐争取，毛遂才入选随平原君而行，后果然立下功劳，备受平原君的敬重。这段历史故事则被传为佳话。

另外还有李白自荐的故事，李白在漫游湖北安陆时，为了寻求出路，向当时荆州长史韩朝宗自荐，他叙述了自己不同于众的才能，然后引古事以喻今，希望能够得到韩朝宗的引荐，并表示愿献出平日著作，以获得"品题"。李白在自荐中没有乞怜之状、哀求之态，而是以一股豪气冲天的人格魅力感染别人，使别人接受了他，这也是李白被后人推崇的原因之一。

以上两则故事说的虽然是古代人的事，但在现代生活中，具有这种勇于推荐自己勇气的人也是大有人在的。

一位只有高中学历的打字员，为获得一份电脑打字的工作，她是这样自荐的。

我是一名打字员，但不是一个平庸的打字员。我热爱打字，这对我来说是一种乐趣。我为能够打出清晰、醒目、整齐的材料而自豪。

今天上午看到报上刊登贵公司的招聘启事，这份工作很吸引我，因为我知道，自己特别喜欢电脑打字。现将我的情况告诉你们，希望能考虑让我做这项工作。

我今年20岁，女性，高中学历，毕业后又经过一年的打字和速记的专门培训，能使用各种类型的打字机，并且能排除一般故障。与其配套的各种型号的油印机我也能熟练操作和维护。必要时，我还能准确地速记口授文件和从事外语打字。近一年来，我正在参加企业管理专业的大专自学考试，对经济方面的各种专业用语比较熟悉。

我已有两年的打字经历，个体营业，主要承接南方纺织集团公司和华南电器集团公司的打字材料。你们可以向他们了解我的打印技术和工作态度。

我对自己的总体自我评价是：工作认真，性情温和，相貌可爱，与同事关系融洽，并擅长软硬笔书法，还可以兼顾办公室的抄抄写写。如果你们愿意的话，我可以立即开始工作。

结果，这位女高中生如愿以偿地得到了这份工作。

如果你暂时还没有找到一份称心如意的工作，那么你不妨先在自己的身上找到你潜在的魅力，发现它，发挥它，别忘了，这是你的财富。一个具有魅力的人，他的财富不是锁在保险箱里，而是藏在自己的身上。

成就完美人生的健康资本

健康是成功的资本

健康是别人夺不走的资本，拥有这笔资本，你就能取得更多的财富，使你终生受用不尽。健康对你的生活和工作都起着重要的作用。

"我每天过得越来越好。"有些人每天在醒来和就寝前都要把这句话朗诵好几次。对他们来说，这句话并不是华而不实的口号，而是说明健康来自积极的心态。对于健康，很多人的体验是，积极的心态会给人体健康带来好处，消极的心态则可能引发疾病。一个人心存消极思想，这是一件危险的事。现实生活中，到处都有人因为他们内心的挫折、仇恨、恐惧或罪恶感，而使自己的健康造成伤害的例子。因此，要保持身体健康的秘诀是，首先要摆脱所有不健康的思想。我们必须洁净自己的心灵，为了身体的健康，先除去心中的消极念头。

愤恨不满的情绪常常会引发疾病，如果一个人在他的工作岗位上屡屡失意，他的心理就会向身体发出"生病"的心理暗示，借此来逃避现实。

一位美国的政坛元老曾说过："有两件事对心脏不好：一是跑步上楼，二是诽谤别人。"这两件事不仅对心脏不好，而且对人的身体也有很大的影响。所以，学会宽容很重要，你会发现，体谅别人会起到奇妙的治疗效果。

许多家报纸曾报道过这样一则新闻：有一名男子在过马路时不幸被车子撞倒而丧命。验尸报告说，这个人有肺病、溃疡、肾病和心脏衰弱。可是，他竟然活到了 84 岁。给他验尸的医生说："这个人全身是病，一般情况下，30 年以前就该去世了。"有人问他的遗孀，他怎么能活这么久？她说："我的丈夫一直确信，明天他一定会过得比今天更好。"

还有人认为，在运用积极心态方面，多使用积极的表述，也有利于身体健康。语言文字是有影响力的。如果你经常运用积极的话语来描述你的健康状况，便可能激发对你身体有好处的积极力量。你习惯性使用的一些字眼，能反映出你内在的某些思想。而你的思想是积极还是消极，会影响你内在的各种器官的健康情况。

曾任美国精神治疗协会会长的卡特博士在谈到一个人所持的肯定态度对健康的影响时，甚至反对人们使用像"我今天不会生病"这样的说法。他认为那只是半积极的态度，应该改为"我觉得今天比昨天好"，这才是非常积极的陈述，因而是一种引导健康的想法。卡特博士说："肯定的态度是以科学的事实为基础的，这些事实来自生物学、化学、医学等学科知识。正确地运用肯定态度将有助于改善你的健康，延长你的寿命，使你精力充沛，备感幸福，从而在各方面取得成功，并且还能替你保持一件最主要的东西——那就是心里的平静。"

你的身体和思想是合一的，实际上是一个"身心"，你的"身心"和自然是合一的。你的身体和思想的健康是不可分割的，任何影响你健康思想的因素，同样会影响你的身体；反之亦然。

同时，你的身心健康也会受到自然法则的规范，它对于你身心的规范和对于树木、山脉、鸟和动物的规范并没有什么不同。因此，想要了解保持身心健康的方法必须先了解自然界的法则，你必须和自然力和谐相处而不是要和它对抗。人的心智是伴随着身体才能存在的，由于你的身体受到大脑的控制，所以，想要得到健康的身体就必须具备积极的心态、健全的意识。务必在工作、娱乐、休息、饮食和研究方面，都能培养出良好而平衡的健康习惯。

为了保持健康的意识，应从良好的生理健康的角度，而不应从病态或不健全的角度进行思考。无论你的思想集中在哪个方面，它都能使这方面的事情成真——包括经济上的成就和身体的健康。为了使自己能以积极的态度培养及保持健全的意识，使你的内心远离消极思想和消极因素的影响，就必须创造和保持平衡的生活。

工作之后娱乐，思想活动之后从事体力活动，严肃之后保持幽默。如果你能持之以恒，必能保持良好的健康状况和快乐的心情。如果你能以积极的心态生活，你就能得到健全的思想和健康的身体。有了健康的体魄之后，你才能享受到健康长寿的生活，以及成功到来的喜悦。

保持健康的法则

在人的一生中，有一样最重要的东西，只有当人们失去了才知它的宝贵——那就是健康。每一位在通向成功路上勇往直前的人都应当倍加珍惜、呵护上天赋予的宝贵礼物，因为它是成功的资本。那么，如何才能保持你自己的健康呢？以下5条便是非常有效的维护健康的法则。

（1）加强体育锻炼。

体育锻炼不仅能增强体质，提高健康水平，发挥体力和智力的潜力，为健康心理打下良好的物质基础，而且还可以培养成功所必备的拼搏精神、竞争精神、协作精神，以及勇敢、坚韧、果断、敏捷等许多优良素质。体育锻炼能健全心血管系统，增强呼吸功能，加强消化系统功能，改善神经系统的均衡性和灵活性，而且能促进人体生长，提高人体的抗病能力。同时，体育锻炼还能增强人体对外界环境的适应能力。

运动能使身心产生愉快感。缺乏体育锻炼，会使人产生多虑和抑郁，对生活缺乏兴趣，睡眠不彻底，无精打采，学习效率低，缺少自信心，面对意外情况和社会压力应激状态差，常常摆脱不了心理挫折和失败的阴影等等。这些都是身心不健康的具体表现，应通过加强体育锻炼去改变。科学研究证实，在进行体育锻炼时要掌握两个要点：一是适度，二是坚持不懈。

(2) 消除消极情绪。

中国自古以来就有"怒伤肝"、"忧伤肺"、"恐伤胃"以至于"积郁成疾"之说。这就是说，消极情绪会影响人的身体健康。为什么呢？因为人的情绪变化总是和人的身体变化联系在一起的。例如，人在恐惧的时候交感神经发生兴奋，瞳孔变大，口渴、出汗，血管收缩而脸色发白，血液中的糖分增加，膀胱松懈，结肠和直肠的肌肉松弛。一般来说，当人的情绪变化的时候，人的血液量、血压、血液成分、呼吸、代谢、消化机能以及生物电都会发生变化。

在正常情况下，这些生理变化具有积极的重要作用。它可以使身体各部分积极地动员起来，积聚更多的"能"来适应外界变化的需要。比如说，当危险来临时，如果没有恐惧感，就不可能产生逃避或抗拒反应。如果有恐惧感，则会发生种种生理变化，这样就能更好地产生逃避或抗拒反应。

伴随情绪变化而产生生理变化，这是人在进化过程中产生的一种现象。一个人适度的紧张，不仅是维持工作效率的有利因素，也是健康生活所必需的。而过度的消极情绪，或一个人长时间地被消极情绪所控制，则会对身体健康产生不良影响。例如，长期不愉快、恐惧、绝望等，会使胃部运动被抑制，使胃液的分泌减少；对肠的影响也是同样的，愤怒时，肠壁的紧张力降低，蠕动停止，影响消化功能。总的来说，长期处于消极情绪会使人消化功能受损，并且容易产生胃溃疡。

再如，一个人长期处于焦虑和愤怒的状态中，就会心跳加快、血压升高、胃酸分泌增加、消化功能降低，有时还会形成高血压。而那些患有动脉硬化症的人，往往会由于情感的爆发（过喜或过怒）而突然发生脑溢血。这是由于过分喜怒而使血液量急剧变化，血压突然上升的缘故。所以，医生经常嘱咐高血压患者不要情绪激动。

明白了这些道理之后，你就会知道保持乐观之精神状态的重要性了。

(3) 杜绝生活恶习。

吸烟和酗酒这两种极常见的生活恶习，它们对人体健康的危害重大，因此我们要坚决杜绝。烟草是世界上使用最频繁的麻醉剂，虽然它一般不被抽烟人看做是一种麻醉剂，但它确实会起到麻醉的效果。抽烟时吸进的尼古丁、焦油和气体对人体有明显的影响。尼古丁是使人上瘾的物质，它是任何一个烟民身体里面渴望的东西。使香烟"有劲"的是尼古丁，但使香烟有毒的还不只是尼古丁。香烟里面含有上百种有害物质，其中的烟焦油有大量的多环芳烃，这些物质具有很强的致癌作用。吸烟的人容易患肺癌、胃癌、食道癌、膀胱癌。吸烟还会引起心血管疾病，如冠心病、动脉硬化症、高血压等。

酗酒同样也会影响人体的健康。酒的主要成分是酒精，酒精像大麻一样能够消除人的自制力。尽管人们在喝啤酒、白酒或威士忌时，可能自以为是受到酒精的刺激，实际上他正受到酒精的压抑。酒精减弱中枢神经系统的冲动活动。因此，大量的酒精能使脑细胞麻木。酒精还能短时间地破坏肝功能，延长反应时间，刺激胃黏膜，并影响人的工作和生活。

一个人喝的酒精愈多，醉的程度愈深，注意力持续时间愈短，动作变得愈加乖张。由于酒精会使肌肉协调的能力下降，醉酒者走起路来通常都是摇摇晃晃的。因此，过量饮酒对人的身体是有极大危害的。

要想使身体健康，就必须杜绝这两种生活恶习。

(4) 合理调节饮食。

食物是维持人体健康必不可少的法宝，那么如何才能通过饮食来达到健康的目的，即通常人们所说的吃出健康来呢？

随着科学家对人体愈来愈了解，关于食物营养方面的资讯也愈来愈丰富。你应该随时注意有关饮食方面的信息，以下是几点可帮助你达到饮食平衡的方法。

①新鲜水果和蔬菜应该占所吃食物中的最大比例，它们含有相当丰富的维生素和高效物质，而人体最容易吸收这些物质。

②你应多食的第二种食物就是碳水化合物，诸如面包、谷物和马铃薯等。

③蛋白质（诸如瘦肉、鱼和乳酪）是非常重要的食品，但不宜吃得太多，每天取用少量即可。

④避免油性食物，限制牛油和食用油的食用量，并且拒绝油炸食品，同时也应避免吃糖，如糖果和可乐之类。

切勿在生气、受到惊吓或担心时吃东西。因为当你在应激状态时，你的身体便无法充分吸收所吃食物的营养，尤其不可养成一紧张就想吃东西的习惯，因为这样只会使你变胖而已。

适当地调整饮食习惯是非常重要的，因为如果饮食过量的话，你的身体会出现过多的负荷，而且沉溺饮食会使你延误一些应该立即处理的问题。如果你无法控制自己的饮食，不妨请教专家协助你。

(5) 科学调养身体。

放松可使你完全忘记一天的烦恼和问题，虽然每个人都有放松的必要，但就是有些人无法放松自己。

你的意识会挑选一项目标作为你注意力集中的对象，这意味着你的内心已排除其他所有事情。因此，你不会因为躺在躺椅中说一声"我在放松自己"就能真正放松自己的，因为你的思想还是环绕着一个既定问题在转。你必须找一个放松的目标，并使你的注意力集中到它身上，才能达到真正放松的目的，例如放风筝、从事园艺劳动、读小说或做任何其他吸引你注意的事情。

看电视和在吧台喝酒并不能使你真正放松，你应该培养不同的兴趣，以使你的思想能换换口味，练习坐禅会为你的精神力量带来不可思议的好处，体力劳动可能也是一项你乐于从事的活动。你不但要放松你的思想，同时也要放松你的身体。

一天之中如果能有短暂的休息，便可解决你的紧张并给你的潜意识以活动的机会。放松自己并不是偷懒的表现，反而是使你的思想保持在最佳状态的灵药。

充足的睡眠是你恢复体力和第二天充满活力的有力保障。如果你试图用减少睡眠的方式增加白天的工作时间，这是最不明智的想法，一个人每天需要 6 ~ 8 小时的睡眠时间。记住，即使当你睡着时，你的潜意识也依然在持续活动。

失眠通常是由于在睡觉前无法放松自己所造成的，切勿一直到你筋疲力尽时才停止工作。你应该在一天快结束时，做一些你喜欢做、但又不会造成太大刺激的事情（所以在睡觉前运动并不适当）。你可以和你的另一半聊天，或是刷刷牙（时间可拖长一点）、整理床铺，这些动作会传达一种信息给你的身体，告诉它现在是睡觉的时候了。

成就完美人生的婚姻资本

婚姻可以建造一所学校

有婚姻才可能有家庭，而家庭则是构成社会的细胞。家庭是一个人成长过程中所必经的一所学校。

一般来说，家长主义家庭能够造就的两种截然相反的品质：专横或顺从，所以说一个专断的家庭要么会培养出专横的、具有权威性格的人，要么会培养出顺从的、没有主见的人。而充满自由和谐气氛的家庭一般培养的是爱好自由、尊重他人、懂得与他人平等相处的人。

孩子一到人间所最先接触到的人际关系便是父母亲的关系，如果父亲与母亲以礼相待、充满温情、互有责任心，那么这样的家庭环境下造就的孩子对待别人也往往是友善、温和、仁慈的。这样的孩子首先学到的是人与人的良好合作，体会这种合作所能带来的巨大价值。充满恩爱气氛的家庭是造就积极合作者的摇篮。

家庭是塑造一个人的第一所而且也是最重要的一所学校。正是在家庭中，每一个人受到他最好的或者是最坏的道德熏陶，因为正是在家庭中人们接受了贯穿其一生、直到生命结束才会放弃的行为准则。

家庭是所有学校中最重要的学校，家庭通过塑造人从而塑造了人类文明。家庭教养程度的高低决定了社会文明程度的高低，诚实、善良、勤劳、温和、谦恭、整洁、明智、责任感、深谋远虑、自我克制、富有同情心以及其他一切高贵品质，邪恶、专横、愚蠢、无知、不忠、放纵、奢侈、懒惰、缺乏仁慈之心以及其他一切恶劣品性，都是在家庭中造成的。家庭是一切幸福与不幸的根源，是一切美德与恶行的根源。

每一个人的儿童时期，他的心灵大门都是敞开的，他时刻准备接纳新鲜的事物，他的接受能力与记忆能力都很强。比如我们在很小时候经历的事情到今天可能还历历在目，我们在幼儿园学到的儿歌在今天唱来仍然是那么亲切。所以，每个人小时候接受的东西，会成为他一生的礼物，一直伴随一个人到老。对于任何一个人来说，在他的童年生活中第一次出现的事情也往往会影响其一生，比如第一次喜悦、第一次悲伤、第一次成功、第一次失败、第一次打架、第一次受到委屈等等都构成了他这一生的生活背景，都对他的性格产生重要的影响。所以，童年的性格构成了我们性格的核心，虽然人们在日后的发展中，具有一定的自我调节、自我发展的能力，对周围的环境也具有相对的独立性，对周围的生活具有一定的适应能力，但这种调整都是有限的，即使到了一个完全陌生的环境，我们也很难从童年时代已有的性格模型中超越出来。而那些最根深蒂固、最重要的性格特征也往往扎根于我们的童年、我们在家庭中的经历。正是在童年时代的家庭生活中，我们第一次体会到了能决定我们一生品格的情感：美与丑，善与恶。

一个人在小时候总会情不自禁地模仿所看到的一切，仿佛一切东西都是孩子的榜样：父母的行为方式，人们的体态姿势，一个地方的语言与习惯，周围人的品格与道德感等等。对于小孩子来讲，他们获取知识的主要渠道是眼睛和耳朵。不管他们看到什么、听到什么，都会进入他那幼小的心灵，他都会在不知不觉中模仿。慢慢地，这些小孩子与他们周围人的行为模式、说话的语气、思想性格开始接近，甚至变得一模一样了。在这些所有的影响中，家庭的影响、父母的影响是最为重要的。

塞缪尔·斯迈尔斯说得好："榜样的力量在于行动，行动比语言更能说服人、教育人、启示人。行动就是力量。与空洞的说教不同，榜样无时无刻不在影响一个人、鼓舞一个人，它给人一种潜移默化的影响，久而久之，成为习惯。一个人一旦在榜样的影响下形成了良好的习惯就能受益终生。一万个空洞的说教还不如一个实际的行动。"如果父母是勤劳、节俭、善良、有雄心壮志的，那么孩子自然也会养成勤劳、节俭、善良、有进取心等优良的品质；如果父母是懒惰、恣意挥霍、邪恶、堕落的人，那么孩子从这样的榜样身上自然也学不到什么好的品质，他们也会养成懒惰、邪恶的品性。因此，在小孩的模仿过程中，榜样是至关重要的。

如果一个人成长在一个充满爱心和有责任感的家庭，成长在一个日常生活中表现出诚实和美德的家庭，那么他的智力和心灵就能得到正确的引导，他也很可能会成为健康、有所作为、乐观向上的孩子。他就能获得成功的力量，走上一条正直、自制和乐于助人的生活道路。

而这所有一切，都得取决于是否有一个美好婚姻以及其所建造的优秀学校。

如何经营你的婚姻

瓦特·邓路之是美国最伟大的演说家之一，他是曾经的总统候选人詹姆斯·布雷恩的女儿的丈夫。自从多年以前他们在苏格兰的安祖·卡耐基家里相遇之后，邓路之夫妇就过着令人羡慕的快乐生活。

邓路之夫人说："选择伴侣要注意的一点就是殷勤有礼。但愿年轻的太太们，对于她们的丈夫就像对待陌生人一样有礼。如果泼辣，任何男人都会跑掉。"

不讲理是吞食爱情的癌细胞。虽然我们都知道这一点，但糟糕的是，我们对待自己的伴侣，居然赶不上对待陌生人那样有礼。

对于陌生人，我们不会去打断他的话。没有得到允许，我们不会想去拆开朋友的信件，或者偷窥他们私人的秘密。只有对我们自己家里人，也就是我们最亲密的人，我们才敢在他们有错误时污辱他们。

戴尔·卡耐基的妻子桃乐丝·狄克斯曾经说过："非常令人惊奇，但确实千真万确，唯一对我们口吐难听的、污辱的、伤害感情话语的人，就是我们自己家里的人。"

法国思想家蒙田说:"礼貌不用花钱,却能赢得一切。"

礼貌对于婚姻,就像机油对于马达一样的重要。

一位老妈妈对她的孩子说:"如果你想幸福,亲爱的孩子,当你回家的时候,你要带着两个'忍'字。"

"两个'忍'字?"她的孩子惊讶地问道。

老妈妈回答说:"是的,一个是忍受,一个是忍让。"

一个贵族教徒在儿子结婚那天对儿子说:"在结婚之前,我曾对你说过,你要睁大你的眼睛;你要结婚了,我要告诉你,要把眼睛闭上。"

自古以来,花就被认为是爱的语言。鲜花不必花费你多少钱,在花季的时候尤其便宜,而且常常街角上就有人在贩卖。但是从一般丈夫买一束水仙花回家的情形之少来看,你或许会认为它们像兰花那样贵,像长在天山高入云霄的峭壁上的雪莲花那样难于买到。

大多数的男性,往往忽略在日常生活中的细微之处表示他的体贴。他们不知道:爱的失去,常常都是因为一些小过错。因此,如果你要维护家庭生活的幸福快乐:"多注意小事。"

为什么要等到太太生病住院,才为她买一束花?为什么不在明天晚上就为她买一束玫瑰花?

你是喜欢试验的人,那就试试看会有什么结果吧!

成功的夫妻搭档能够创造奇迹

19世纪末,比埃尔·居里和玛丽·居里夫人共同工作,用4年的时间从成吨的废矿渣中提炼出了0.1克的纯氯化镭,证明了镭的确是一种新元素。他俩的发现,成为新的放射性学说的基础。

其实,古今中外夫妇合作创造奇迹的又何止在科学领域。

美国茱迪丝·巴纳和麦克·费恩夫妇各自辞职后,全心合写一部小说。他们给自己一年的时间,希望找到出版社出书,结果以茱迪丝·麦克笔名写的《欺骗》果然大为畅销。历经8年多,这对夫妇又陆续合作出版了3

本畅销小说。

我国晋代著名炼丹医学家葛洪与擅长灸疗的名医鲍姑是一对伉俪。葛洪从小就十分喜欢炼丹术，成名后受到著名术士鲍玄的赏识和教诲。鲍玄还将女儿鲍姑许配给他，让他们结伴炼丹行医，并著书立说，写出了系统总结炼丹的长篇巨著《抱朴子》，编写了有鲍姑灸法验方 90 余条的《肘后备急方》。这一对志同道合的人合作共事释放出了有益于人类的极大能量。

美国一家民间小型企业协会宣称，夫妇合作是商业人口中成长最快的部分，1980 ~ 1989 年，这样的夫妻搭档增加了 83.9%。全美国家庭企业协会估计，目前大约有 180 万对夫妻企业家。

哪里有机会，哪里需要创意，哪里就会有合作夫妻存在。

美国著名作家约翰·奈斯比特、帕特里夏·艾柏登在合著的《女性大趋势》一书中指出：像这类合作夫妻所展现的合作性伙伴关系，将是 21 世纪的新典范。

这一震撼性的大预言将逐步被社会的发展所印证。这里有必要摘录一些关于夫妻搭档有利情势和共同特征的主要观点。

法兰克与夏兰·巴内特合著的《一起工作：企业夫妻》一书中认为——一对关系良好的夫妻在共同创业时，拥有 4 项有利情势。

(1) 没有私人竞争，可以全力应付外界。

(2) 有公开的沟通。

(3) 彼此信任。

(4) 有共同的目标。

莎萨·尼尔生在著作《在爱中工作》里指出，成功的夫妻搭档有 6 项共同的特征。

(1) 关系第一，对于夫妻搭档来说，最重要的是彼此的关系。

(2) 夫妻表现出对彼此的尊重和支持。

(3) 对婚姻和工作很密切的沟通。

(4) 合作夫妻的才干和态度能够互补，从而营造出自己的地盘。

(5) 夫妻一起对外竞争，而不是彼此竞争。

(6) 夫妻自我设限，不会彼此伤害，踩对方的脚。

成就完美人生的人际资本

人际关系是你最重要的资本

人际关系对于个人，无论在事业上、生活上抑或学业上皆起着决定性的影响。而人际关系最直接的体现就是你周围的朋友，忠实的朋友是人生的良药。实际说来，朋友比良药还要好些。良药只用在已经生病的人身上；而友谊则可使健康的人享受人生之乐——一种终生受用的乐趣。

人生没有友谊，就像菜里没有油水，可谓单调、枯燥。真正的友谊是一种心照不宣、互相信赖的关系，它的价值无法估计。假如你拥有众多的朋友，与朋友之间有着良好的人际关系，那么，你便可以通过这些朋友的力量来解决难题。人，不可能拒绝朋友而独自过着闭门自守的生活。毕竟，这是一个群居的社会，个人的学识与力量是有限的，必须依靠他人的学识及力量才能解决困难，达到目标。有不少人并非很有才华，但他们却拥有一种无形的资产——良好的人际关系，使他在某一领域如履平地、飞黄腾达。

一个大学生毕业后第一天上班，父亲把他拉到身边，送给他一张"为人清单"，其中有这么几条：别让小争端损害了大友谊；偶尔邀请排队排在你后面的人站到你前面；永远别做第一个开门出去的人；接受任何指示时至少确认两遍；可以生气，但要适时适所，以适当方式向适当对象恰如其分地生气；别太在意你的权利以致忘了你的风度。

一名西方商人在中国经商 8 年后认识到：在中国为人处世，特别要花心思，这是一个重人情胜过实效、不看僧面看佛面的国度。这一段话虽有失偏颇，但也不是没有根据的。很多时候，做人确实比做事重要，一个人缘好、有声誉的人，凡事都可以轻而易举地办成。反过来，不少恃才傲物的人就可能水土不服，怀才不遇，荒废满腹经纶。

一个热爱生活的人期望得到人类最美好的物质和精神财富，于是他四处寻找。

路上，他碰见一个背着袋子的人，他上前说："把你袋子里的鱼给我一条吧，我看见它们还在袋子里扭动呢。"

于是那人停下来，伸手从袋中抓出一条给了他。不过那不是鱼，而是蛇。

他继续向前走，看见一个提篮子的少妇，他上前说："把你篮子里的人参给我一支吧，据说那是药中珍品呢。"

于是少妇停下来，伸手从篮中拿出一支给了他。不过那不是人参，而是罂粟。

他继续向前走，看见一个背着胡琴的青年，他对他说："请你给我拉一支快乐的歌吧，让笑声伴随着我。"

于是青年停下来，取下胡琴，为他奏了一支歌。不过那不是快乐的歌，而是催人泪下的悲歌。

他继续朝前走，看见一个富有的人，他上前说："把你的慷慨给我一点吧，让我做一个乐善好施的人。"

于是富人解开衣襟，从怀中掏了一把递给了他。不过那不是慷慨，而是吝啬。

他继续朝前走，看见一个眉头紧皱的女人，他上前说："把你胸中的宽容给我一点吧，让我变成个能够容人的君子。"

于是那女人从胸中捧出一捧给了他。不过那不是宽容，而是妒忌。

"人们这是怎么了？为什么把我要的东西都给错了？"他问。

"他们并没有给错，而是你找错了人。"一个声音说。

这个故事说明，为人处事特别重要，如果你找错了合作的对象，就将无法得到你想要的东西。

许多人认为，做人第一，做事其次，学问再其次，天资常居最末。如果你想成功，必须有行动力；如果你想成为顶尖人物，必须有创造力；如果你想成就一番事业，更必须有影响力。而影响力的表现形式就是具有良好的人际关系，即在你的周围有许多忠诚的朋友，他们可以助你成就你的事业。

学会编织有效的人际网络

要想取得成功，你必须学会编织有效的人际网络。努力编织自己的人际关系网，尽量把更多的人网聚到这张网中，多多益善。你不仅能从中获得难以用金钱来衡量的重要人际关系，还将因此学会更多的知识。每一天都试着去结识新朋友，与更多的陌生人接触，不要在乎他们是什么民族、从事何种职业、属于什么人种，或是信仰哪种宗教。

同那些你不认识的人交谈。朋友的朋友也是你的朋友，利用机会多与他们交往。

随着你交往接触的人增多，你将会变得更加富有情趣魅力和吸引力。你也能从中学会更多的新东西，而反过来，极富情趣的人格魅力能帮助你更加灵活自如、游刃有余地处理人际关系。这是一个良性循环的过程。

要做一个见识广博、阅历丰富的人。这样你的人生才会多姿多彩。要尽可能扩大你的知识面，博采众长。阅读你身边的一切健康读物，比如书籍、报刊以及因特网上的大量信息。对事物要充满好奇心，多问多思，你才能获得更多的答案。

掌握娴熟的交际艺术

缺乏交流或不善交际，是人与人之间产生诸多纠葛的主要原因之一。要想获得成功，良好的交际能力是一个人应该必备的基本素质。如果你能发展自身出色的交际技巧，你就能更加了解自己和理解他人。在通往成功的路上，因为不善交际，人们遇到的最大阻碍往往就是自己。你应该懂得言语可以成为你最有力的工具和助手，运用得当会带来幸福和快乐，而稍有差错，也可能会产生南辕北辙的后果，导致无尽的痛苦。以下是与人交流过程中应掌握的一些技巧。

在与人交流的过程中，要尊重他人的个性。不要试图支配他人，或力求操纵谈话，对他人的讲话要表示出自己愿意聆听的兴趣。

尽量多说积极乐观的话，这样别人也能从中感到乐观和振奋。对他人多使用溢美之词，慷慨呈上对他人的赏识和钦佩。要平等地与人相处，不卑不亢。

专心聆听他人讲话，听清楚每一句话，不要想当然地发挥，也不要心存偏见。仔细倾听他们讲述自己的麻烦问题以及他们将如何去解决，而不要自以为是的急于发表自己的看法，或越俎代庖去分析如果是你，你将如何做。要对别人的遭遇感同身受，满怀同情。尽量去复述对方说过的话以及他们所关注的问题。

试着学会求同存异，找到与他人的共同语言，而不要拘泥执拗于你们的之间差异。尽可能不要打断别人的发言，要耐心倾听，允许别人陈述自己的想法和观点。

要想给你的听众留下深刻的印象，你就必须做到以下几点：要保持安静稳重的形象，不要举止轻浮。学会用眼睛与人交流，眼睛是心灵的窗口。要学会适当地沉默，懂得"无声胜有声"的奥妙。如果你能使他人感觉到在你心目中他们是重要人物，具有举足轻重的影响力，带着这种良好的自我感觉，他们大多会很乐意同你交谈。不要表现得好像你急于从别人身上得到什么好处，恰恰相反，你应该让他们觉得可以从你这里有所收益。

交流是一个互动的过程，它不仅需要你对他人敞开心扉，虚怀若谷，同时还必须能够勇敢面对自己的内心，倾听自己内心的需要。一个聪明的聆听者首先应该能体会并了解自己内心真实的感受。这样做不仅能够有助于理解别人所说的话，而且能让你茅塞顿开，懂得为什么他们会这么说。

向他人提问能帮助你了解他们的需要。只有知道别人心里真正渴望些什么，你才能更驾轻就熟地帮助别人解决难题。你对他人的提问能使他们感到自己的重要性，因为这表示你正密切关注着他们的处境。同时，你还要认真听取别人的问题，那些问题可能反映出他们内心真切的梦想和恐惧。通过帮助他人实现自己的目标，你就能成为他们生活中重要的人，成为他们真诚的朋友。

在与人交谈中，对某一话题，如果你没有充分准备好倾听别人对这一问题的反应和意见，那就不要询问相关的内容。对于别人与你分享的信息，你要以感激的心去回应，你所提出的问题也要充分表现出这一点。给别人充足的时间来表达自己的观点。你应该使自己所提的问题简单直接，易于理解和回答。

在谈话中亲切地称呼他们的名字，把他们视做与你平等的个体来对话，细心留意他们的需要和对话题的反应。你不仅要与他们的头脑对话，还要敏感地与他们的心灵交流。在充满压力的紧张环境里，你要主动探寻与人镇定自若、冷静沟通的方法。对你的家人、朋友、同事和你遇到的每一个人，你都要尽力去热情鼓励他们，帮助他们获得战胜困难的勇气，协助他们深入分析问题并找到打开难题的钥匙。当他们迷失在困惑中时，你要去引导他们走出迷雾，激发他们内在的潜力，鼓舞他们努力去成为更优秀的人，使他们把自己的能力发挥到极致，甚至更高。毫无保留地教给他们有价值的想法和观念，用你的热情去丰富他们的人生。

在对别人许下承诺之前，要预先认真考虑并明确自己将要承担什么样的责任，要保证每个人的需要都能得到很好地满足，当然还包括你自己的。

当你试图帮助人们纠正他们的错误或给别人提供建议时，你一定要慎之又慎。批评和苛责有时并不能带来富有建设性的改善，反而会导致消极的后果。有时采用这样的方式还会削弱你协调解决问题的能力，因为批评会使被批评者感觉被孤立隔离，很容易被激怒并产生强烈抵抗的情绪，他们会因此而拒绝改正。

激励人们努力去修正日后的行为，保证类似的错误不再发生，这是帮助他们从过错中吸取经验的最好方法。当你帮助人们懂得"犯错是学习的最好机会"这个道理时，他们很可能就会心悦诚服地接受你的指正，并给予主动积极的配合和支持。

最好只去纠正那些与你关系密切的人的错误，比如你的家人、朋友或同事。当你试图纠正他们的时候，你要尽量设身处地地把他们的个性和感受纳入你考虑的范围，对症下药，采取适当的方式，这样才能达到目的。一定要就事论事，不要将问题扩大，或论及他们人格本身。

你要纠正别人的错误，一定要等到只有当自己心情舒畅愉快，没有忙于任何其他事情的时候才能进行。一次只能纠正一个错误。要允许别人用足够的时间来解释自己的理由。最后不要忘记对他们本人加以赞扬和肯定，这样才能鼓起他们改进的决心。

　　与人交流时要表现得轻松自若，从容不迫，要自然流露出你的快乐情绪。尽量听他人多说，以轻微地点头来表示懂得或同意对方的说法。

　　许多人都有交流障碍。他们不善于表达自己，将与人谈话视为一件可怕的事。还有一些人不习惯某些社交场合，身处其中常常感到不自在。但是，生活在这个地球上，必须学会与他人交流，这样才能更好地相互合作，建立和谐的生活环境。

　　善于与人交流的人往往能够建立更成功的事业和人际关系，这是他们通过与人交流得到的甜蜜回报。

第四部

唤起心中的巨人

提炼自《唤起心中的巨人》（〔美〕安东尼·罗宾著）

【关于本书】

本书的作者安东尼·罗宾是当今美国乃至世界上第一潜能学大师。该书被称作"头脑的整形手术"，引起许多人的关注。

【点亮心灯】

1. 不管你是谁，你都是自己一生当中最重要的人。你的生命潜能如同一座取之不尽、用之不竭的宝藏。

—— 《唤起心中的巨人》

2. 人的潜能就像一种力量强大的动力，有时候，它爆发出来的能量会让所有人大吃一惊。

—— 歌德

认识你的潜能

你心中沉睡着一个巨人

在每个人的身体里面，都潜伏着巨大的力量。只要你能够发现并将这种力量加以利用，便可以成就你所向往的一切东西。

如果能打开你心智的眼睛，看到你内在无限大的"宝库"，你会发现在周围就有着无限财富。在你内心里面有着一座金矿，你可以从这座金矿中取得所需的一切东西，而使生活变得幸福、愉快和丰富。

如果能够唤醒这种潜在的巨大力量，就往往会出现奇迹。世界上有无数平凡的人，但在这些人的体内同样有着巨大的潜能，只要能够激发他们体内的一小部分潜能，就可以成就他们伟大的、神奇的事业。

很多人都不知道在他们内心深处有着无限智慧的金矿，不论你要什么，你都能抽取出来。一块有磁性的金属可以吸起比它重12倍的重量，但是如果除去这一块金属的磁性，甚至连轻如羽毛的重量它都吸不起来。同样地，人也有两类。一种是有磁性的人，他们充满了信心和信仰，他知道自己天生就是个胜利者、成功者；另外一种人，是没有磁性的人。他们充满了畏惧和怀疑。机会来时，他们却说："我可能会失败；我可能会失去我的钱；人们会耻笑我。"这种人在生活中不可能会有成就，因为他们害怕前进，他们只好停留在原地。所以，每个人都要争取成为一个有磁性的人，并且找出亘古以来的奥秘——潜能。

实际上，每个人都具有潜能，而意外事件和灾祸不过是催化剂，使人有了显露这种力量的机会。

在你潜意识的深处，有着无限的智慧、力量，以及你所需要的各种各样的"供应品"，这些都等着你去发掘、培养、发挥。

如果你愿意开放你的心灵去接受，你潜意识中的无限智慧就会在任何时间、空间，提供你所需要的每一样事物。你可以接受新的思想和观念，使你能有新的发明、新的发现，或写出新书和剧本；你潜意识中的无限智慧，甚至可以把各种奇妙的知识，原原本本地传授给你。它可以指引你，为你打开道路，让你在生活中能够完美地发展自己，并达到你真正应该达到的水平。

在人的身体和心灵里面，有一种永不坠落、永不衰败、永不腐蚀的东西，这种力量一旦被唤醒，即便在最卑微的生命中，也能像酵母一样，对身心起发酵净化作用，增强人的工作力量。

在有些时候，人也会有机会看到自己的潜能，比如在失去一个爱友的时候，发现了自己从未发现过的能力；有时读了一本富有感染力的书，或者由于朋友们的真挚鼓励，也能发现自己的内在力量。但无论用何种方法，通过何种途径，一旦激起内在力量后，你的行为一定会大异于从前，你就会变成一个大有作为的人。

去发现这种思想、感觉和力量，这是你的权利。潜能虽然无法看见，但是它的力量却极为强大。在你潜意识里，你会找到每一种问题的解决方案，以及每一结果的原因。由于你可以吸取出这些隐藏在你内心深处的力量，因此你完全可以在丰富、安全、愉悦和自主之中向前行进。

未来的医生会让病人知道，在人的身体内部有一种创造的作用永远在进行着。这种创造力量，不但创造了他自己的生命，而且还在不断地更新生命，恢复生命。因为这种潜意识的力量能把人从身心俱疲的状况中提升起来，再度恢复健康、完整，再度充满活力，再度强壮起来，并努力去获得幸福、健康，快乐地表现自己。在你潜意识中也有这种奇迹般的治疗力量，可以治好你深受折磨的心灵和破碎的心。它可以打开你的心狱之门，也可以帮你摆脱物质和身体上的束缚。

但许多人并不知道如何深入自己的意识内层，去开发那些供给身体力量的源泉，因此，他们的生命往往是枯燥而毫无生气的。然而如果你能深入到自己的潜意识中，就可以寻得生命的源泉。一旦饮得这生命的泉水，就不会再感到口渴，生命从此也就有了活力，而这口生命之源是可以取之不尽，用之不竭的。

由此可见，一个人一旦能对其内在的潜能加以有效地运用，他的生命便永远不会陷于卑微贫困的境地。

认识潜能的伟大力量

无数事实和许多专家的研究成果告诉我们：每个人身上都蕴藏着巨大的潜能。美国学者詹姆斯根据她的研究成果说："普通人只发展了他蕴藏能力的1/10。与应当取得的成就相比较，我们不过是在沉睡。我们只利用了我们身心资源的很小的一部分，甚至可以说一直在荒废。"

我们每个人的身体内部都蕴藏着巨大的潜在力量，它等待着我们去发现，去认识，去开发。这种力量，一旦引爆出来，将带给你无穷的和信心能量。

千百万人都在抱怨他们时运不济，他们厌倦生活……却没有意识到：在他们身上有一种力量，这种力量会使他们获得新生。

当生命不断前行的时候，一个人可能会一次又一次地处于逆境中。不久，他便形成了这样一种生活态度：人生是艰难的，人生就是战斗，生活所发的牌总是跟我过不去，做这样或那样的努力都是毫无用处的，我不可能成为赢家。自此，这个人也就会灰心丧气，认准无论自己怎么做，都不会有什么好事。自己想在生活中取得成功的梦想破灭之后，他便将注意力转移到子女身上，希望他们的人生会是另外一种样子。有时，这会成为一种解决问题的方式，然而孩子们又会陷入和父辈们相同的生活方式中。最后，这个人得出结论：只有一个办法能解决问题，那就是用自己的双手结束自己的生命——自杀。

自始至终，这个人都没有能够发现那种可能改变他的人生的巨大力量。他没有能够分辨出这种力量。他甚至并不知道这种力量的存在。他看见成千上万的人在以和他相同的方式与命运抗争，然后他认为那就是生活。殊不知，在每个人的身体里面，都潜伏着巨大的力量。但他却没有及时地去发现和利用。

励志大师马丁·科尔曾经讲过这样一个故事：亚历山大图书馆被烧之后，只有一本书保存了下来，但这并不是一本很有价值的书。于是一个识得几个字的穷人用几个铜板买下了这本书。这本书并不怎么有趣，但这里面有一个非常有趣的东西！那是窄窄的一条羊皮纸，上面写着"点金石"的秘密。

点金石是一块小小的石子，它能将任何一种普通金属变成纯金。羊皮纸上的文字解释说，点金石就在黑海的海滩上，和成千上万的与它看起来一模一样的小石子混在一起。真正的点金石摸上去很温暖，而普通的石子摸上去是冰凉的。然后这个人变卖了他为数不多的财产，买了一些简单的装备，在海边扎起帐篷，开始检验那些石子。

他知道，如果他捡起一块普通的石子并且因为它摸上去冰凉就将其扔在地上，就有可能几百次地捡拾起同一块石子。所以，当他摸着冰凉石子的时候，他就将它扔进大海里。他这样干了一整天，却没有捡到一块是点金石的石子。他又这样干了一个星期，一个月，一年，三年，还是没有找到点金石。

有一天上午他捡起了一块石子，这块石子是温暖的，他把它随手就扔进了海里。他已经如此习惯于做扔石子的动作，以至于当他真正想要的那一个到来时，他还是将其扔进了海里……

其实我们也和这个人一样，有多少次我们已经触摸到了这种巨大的力量却没能认出它，有多少次这种巨大的力量就握在我们手中而我们却把它扔掉了，仅仅因为我们没有认出它。有多少次它就出现在我们眼前，然而，我们没有看到它，没有认识到它可能带给我们的种种益处。

从现在开始，就着手认识你的潜能吧！它的伟大力量，完全可以帮助你开辟出一条崭新的生活道路。

测测你的潜能

要想正确认识你的潜能，还必须有一系列能够量化的东西来协助你。请随我们做完下面的测验题，这样你便可以正确认识你的潜能了。如果你的潜能不足，就可有意识地加强训练。

根据自己的实际情况，在题后的 5 个答案中，选择一个最适合的答案，在所选答案的相应字母上画"√"。

（1）我很喜欢长跑、长途旅行、爬山等体育运动，但并不是我的身体条件适合这些项目，而是因为它们能使我更有毅力。

A. 很同意　　　　　　　　B. 比较同意

C. 可否之间　　　　　　　D. 不大同意

E. 不同意

（2）我给自己定的计划常常因为主观原因不能如期完成。

A. 这种情况很多　　　　　B. 比较多

C. 不多不少　　　　　　　D. 比较少

E. 没有

（3）如没有特殊原因，我能每天按时起床，不睡懒觉。

A. 很同意　　　　　　　　B. 比较同意

C. 可否之间　　　　　　　D. 不大同意

E. 不同意

（4）定的计划应有一定的灵活性，如果完成有困难，随时可以改变或撤销它。

A. 很同意　　　　　　　　B. 比较同意

C. 无所谓　　　　　　　　D. 不大同意

E. 反对

（5）在学习和娱乐发生冲突的时候，哪怕这种娱乐很有吸引力，我也会马上决定去学习。

A. 经常如此　　　　　　　B. 较常如此

C. 不一定　　　　　　　　D. 较少如此

E. 并非如此

（6）学习或工作遇到困难时，最好的办法是立即向师长、同事、朋友、同学求援。

A. 同意　　　　　　　　　B. 比较同意

C. 无所谓 　　　　　　　　　　　D. 不大同意

E. 反对

(7) 在练长跑遇到生理反应，觉得跑不动时，我经常咬紧牙关，坚持到底。

A. 经常如此 　　　　　　　　　　B. 较常如此

C. 不一定 　　　　　　　　　　　D. 较少如此

E. 并非如此

(8) 我常因读一本引人入胜的小说而不能按时睡眠。

A. 经常有 　　　　　　　　　　　B. 比较多

C. 不一定 　　　　　　　　　　　D. 比较少

E. 没有

(9) 我在做一件应该做的事之前，常能想到做与不做的好坏结果，而有目的地去做。

A. 经常如此 　　　　　　　　　　B. 较常如此

C. 不一定 　　　　　　　　　　　D. 较少如此

E. 并非如此

(10) 如果对一件事情不感兴趣，那么不管它是什么事情，我的积极性都不高。

A. 经常如此 　　　　　　　　　　B. 较常如此

C. 不一定 　　　　　　　　　　　D. 较少如此

E. 并非如此

(11) 当我同时面临一件该做的事和一件不该做却吸引着我的事时，我经常经过激烈的思想斗争，使前者占上风。

A. 是 　　　　　　　　　　　　　B. 有时是

C. 是与非之间 　　　　　　　　　D. 很少是

E. 不是

(12) 有时我躺在床上，下决心第二天要干一件重要的事情（如突击学一下外语），但到第二天，这种劲头就消失了。

A. 常有 　　　　　　　　　　　　B. 较常有

C. 不一定　　　　　　　　　　D. 较少有

E. 没有

(13)我能长时间做一件重要但枯燥无味的事情。

A. 是　　　　　　　　　　　　B. 有时是

C. 是与非之间　　　　　　　　D. 很少是

E. 不是

(14)生活中遇到复杂情况时,我常常优柔寡断,举棋不定。

A. 常有　　　　　　　　　　　B. 有时是

C. 不一定　　　　　　　　　　D. 很少是

E. 没有

(15) 做一件事之前,我首先想的是它的重要性,其次才想它是否使我感兴趣。

A. 是　　　　　　　　　　　　B. 有时是

C. 是与非之间　　　　　　　　D. 很少是

E. 不是

(16) 我遇到困难情况时,常常希望别人帮我拿主意。

A. 是　　　　　　　　　　　　B. 有时是

C. 是与非之间　　　　　　　　D. 很少是

E. 不是

(17) 我决定做一件事时,常常说干就干,决不拖延或让它落空。

A. 是　　　　　　　　　　　　B. 有时是

C. 是与非之间　　　　　　　　D. 很少是

E. 不是

(18) 在和别人争吵时,虽然明知不对,我却忍不住说些过头的话,甚至骂他几句。

A. 时常有　　　　　　　　　　B. 有时有

C. 不一定　　　　　　　　　　D. 很少是

E. 没有

(19) 我希望做一个坚强、有毅力的人,因为我深信"有志者事竟成"。

A. 是   B. 有时是

C. 是与非之间   D. 很少是

E. 不是

（20）我相信机遇，好多事实证明，机遇的作用常常大大超过个人的努力。

A. 是   B. 有时是

C. 是与非之间   D. 很少是

E. 不是

做完以上题目后，对照下表计算出你所得分数（将表中的分数相加即为你的总分），然后再看表下面的分析，便可知你的潜能如何了。

潜能测验答卷表

题　号		(1)	(2)	(3)	(4)	(5)	(6)	(7)	(8)	(9)	(10)
答	A	5	1	5	1	5	1	5	1	5	1
	B	4	2	4	2	4	2	4	2	4	2
	C	3	3	3	3	3	3	3	3	3	3
案	D	2	4	2	4	2	4	2	4	2	4
	E	1	5	1	5	1	5	1	5	1	5
题　号		(11)	(12)	(13)	(14)	(15)	(16)	(17)	(18)	(19)	(20)
答	A	5	1	5	1	5	1	5	1	5	1
	B	4	2	4	2	4	2	4	2	4	2
	C	3	3	3	3	3	3	3	3	3	3
案	D	2	4	2	4	2	4	2	4	2	4
	E	1	5	1	5	1	5	1	5	1	5

分析如下：

81 ～ 100 分，潜能很强；

61 ～ 80 分，潜能较强；

41 ～ 60 分，潜能一般；

21 ～ 40 分，潜能较薄弱；

0 ～ 20 分，潜能很薄弱。

重视你的潜能

莫让你的潜能酣睡

一般来说，一个人的才能来源于他的天赋，而天赋又不大容易改变。但实际上，大多数人的才能都深深潜伏着，必须要外界的东西予以激发。

如果人们的天赋与才能不被激发、不能得以发扬光大，那么，其固有的才能就会变得迟钝并失去它的力量。

爱默生说："我最需要的，就是有人叫我去做我力所能及的事情。"去做"我"力所能及的事情，是表现"我"的才能的最好途径。拿破仑、林肯未必能做的事情，但"我"能够做，这只要尽"我"最大的努力，发挥"我"所具有的才能。

我们每个人的体内都潜压着巨大的能量，但这种能量却以潜能的形式酣睡着，一旦被激发，便能做出惊人的事业来。因此，我们必须重视它，并动手发掘它。莫让你的潜能酣睡！

在美国西部某市的法院里有一位法官，他中年时还是一个没有多少文化的铁匠。他现在 60 岁了，却成了全城最大的图书馆的主人，获得许多人的赞誉，被人认为是学识渊博、为民谋福利的人。这位法官唯一的希望，是要帮助同胞们接受教育，获得知识。可是他自身并没有接受过系统的教育，为何能产生这样的宏大抱负呢？原来他不过是偶然听了一篇关于"教育之价值"的演讲。结果，这次演讲唤醒了他潜伏着的才能，激发了他远大的志向，从而他做出了这番造福一地民众的事业来。

在我们的现实生活中，有许多人直到老年时才表现出自己的才能。为什么到老年会激发他们的才能呢？有的是由于阅读富有感染力的书籍而受到激发；有的是由于聆听了富有说服力的讲演而受感动；有的是由于朋友真挚的鼓励而有了动力。而对于激发一个人的潜能，作用最大的往往就是朋友的信任、鼓励、赞扬。

倘若你和一般失败者面谈，你就会发现：他们失败的原因，是因为他们无法获得良好的环境，是因为他们从来不曾走入过足以激发人、鼓励人的环境中，是因为他们的潜能从来不曾被激发，是因为他们没有力量从不良的环境中奋起振作。

在人的一生中，无论何种情形下，你都要不惜一切代价，走入一种可能激发你的潜能的气氛中，可能激发你走上自我发达之路的环境里。努力接近那些了解你、信任你、鼓励你的人，这对于你日后的成功，具有莫大的影响。你要与那些努力在世界上有所表现的人接近，他们往往志趣高雅、抱负远大。接近那些坚决奋斗的人，你在不知不觉中便会深受他们的感染，养成奋发有为的精神。如果你做得还不十分完美，那些在你周围积极向上的人，就会来鼓励你做更大的努力、进行更艰苦的奋斗。

几乎所有的人都只发挥了其能力的15%。他们不能发挥其余85%的力量的原因在于恐惧、不安、自卑、意志薄弱及罪恶感。将所有的原因综合起来，可以说是"与外界的不调和"，因为不能包容外界，则等于是替自己的能力踩了刹车。

与外界的调和能使自己的能力发挥到淋漓尽致的地步，相信读者很容易便能了解这一个法则，因为所谓创造的行为，是向着外界去发挥，所以一旦能和外界调和时，自然会产生优异的结果。以体育比赛为例，还在考虑胜败、估计别人力量的选手，心中已经存在了感情对立的疙瘩，所以不能发挥其潜能。一定要超越那些估计，和外界合为一体时，才能激发潜在能力。一个非常有趣的现象是：凡是在下棋时，对对手抱有对立感情，赢了就觉得快乐的人，他们的进步都很有限。相反的，能和对手配合，不在乎胜败，只求下出正确的棋着并在其中寻求创造之喜悦的人，下棋则能充分地激发他们的潜能，他们也会进步神速。这里不把象棋的胜负当作一种争斗，而把它当成"问答"。如果有两个人天生素质差不多，但他们所采取的弈棋态度有所不同时，不久之后，他们两人的棋力也必有天壤之别。

能包容对方的人才是强者。这不是一个有趣的法则吗？连象棋这种具有严格规则的游戏都有这种结果，更何况是在实际生活这种复杂多变的场所中。

弈棋中的这两种态度，也能充分显示"取"与"造"这两种生存态度。为了取得第一而拼命的人，他们自以为是在踩油门，其实所踩的却是刹车。说到这里，你必定已能充分了解为什么所有的成功者都是彻底贯彻"造"的态度者，这个道理非常简单，一种能力被踩了刹车后，当然不可能有出众的创造行为。当你放弃将能力视为私有物的感觉时，你就能充分地发挥能力。

如果你希望有个创造性的人生，另外的暂且不提，首先你就得做个"不怕失败的人"，乍看之下，这似乎和"无所不能"的命题相矛盾，但是仔细想一想却不是，因为失败和"不能做"是不同的。此外，失败和成就并不是互相对立的，它可以是到达成就的中途站。精神的强者，越是失败，越能在失败中得到教训，并且越能提升创造的热情，所以问题不在于是否会失败，而在于是否遇到一两次失败就放弃奋斗。凡是能包容外界的人，连失败也包容在内，这种人最后必然有所成就。

重视你的潜能

我们不信有用理性无法判断的东西，不但不相信，甚至还会排斥，这是受到近代理性主义、理性万能、科学万能等想法的影响。但是，各位想一想，我们靠理性可以判断到什么程度呢？这个社会还是有太多的事是无法用理性来了解的。偶尔和某人某事相遇，变成人生大变化的转机；或走在街上时偶然产生一个好主意等等。机会偶然也会来临。

1+1=2的公式，在人生中是无法通用的，1+1有时可以等于10，有时等于5。能够纯粹用理性来判断的事实在太少，很大一部分事情都是偶然的契机或偶尔产生的灵感所造成的。这是什么缘故呢？

潜在意识中沉积着很多情报，因为所有的人都和潜在力量直接连在一起，所有人的思想或行为都会被刻在心里，因此那里有各种各样的人所想过做过的事。因此，可从心中丰富的情报仓库中获得对我们有用的信息。

在公司里工作或研究，经常会为想不出好主意而苦恼，这时候如果你拼命思考的话，有时真的会突然想出来。那是你拼命思考产生的巨大作用，即是你充分重视并利用潜能的结果。

这是认为理性是万能的人无法相信的事，他们可能还认为"岂有此理"，但是灵感往往都是这样产生的。史蒂文森是个有名的小说家，他写过《化身博士》、《金银岛》等，他曾说过，自己的小说，经常都是从潜意识中得到构想的。因此，你要想有所成就，就必须重视你的潜意识。

激发你的潜能

唤醒真实的巨人

没有人知道自己到底具有多大的潜能，因而没有人知道自己会有多么伟大，所以我们应该注意与心灵的交流，努力找寻内心真实的自我。

有个人向禅师请教："我想学禅，体悟人生真谛。我应该从哪里开始做起呢？""从这里。"禅师边说边用木棍在地上画了一条线。那人大惑不解地问："这里是哪里？"禅师当头棒喝道："这里就是此人、此时、此地！"不错，你想是谁，你现在就是。

你是你自己的产物，造就你的东西是你自己的遗传基因、肉体、有意识心理和潜意识心理、经验、时空上的特殊位置和方向……以及其他东西，当然也包括已知和未知的能力。你有能力去影响、应用、控制和协调所有这些东西。你能够用积极的心态去指引你的思想，控制你的情绪和掌握你的命运。

你的心理包含着巨大的潜能，它有着无限的力量。你必须唤醒你心中这个酣睡的巨人，因为它比所有神灵更为有力——那些神灵都是虚构的，而你的酣睡的巨人是真实的。

你想要获得什么呢？爱？健康？成功？朋友？金钱？住宅？汽车？表扬？宁静的心情？勇气？幸福？或者，你想使得这个世界成为值得生活得更美好的世界？你心中酣睡的巨人有能力把你的愿望变成现实。

那么该如何唤醒你心中酣睡的巨人呢？最好的办法便是思考，用积极的心态进行思考。

酣睡的巨人就像神灵一样，你必须用魔力来唤醒他，而且，你具有这种魔力。这种魔力就是你的法宝——积极的心态。积极心态的特点就是信心、希望、诚实和爱心。

学会激发潜能

激发潜能的方法有许许多多，但从成功学的角度看，主要有 4 个方面，即"诱、逼、练、学"。

(1)"诱"就是引导。

寻求更大领域、更高层次的发展，是人生命意识里的根本需求。"这山望着那山高"、"喜新厌旧"是人的根本特性，因此，具有主体自觉意识的自我，有理性的自我，是绝不愿意停留在任何一种狭小的领域之中的，总是想不断开拓以取得更大的发展（成功），从而更好地生存。这种旺盛的发展需要，是渴望成功的表现，是潜能蓄势待发的前兆。只要对这种发展意识给予有益的规划和培育，就能把潜能很好地激发起来，释放出来。

(2)"逼"就是逼迫。

当我们邂逅一位曾经山重水复而后又柳暗花明的友人时，一番唏嘘之后，往往都会问：

"这些年，真不容易，你是怎么活过来的？"

"人都是逼出来的。"那位历尽沧桑的老友会这样平淡地回答。

当我们的同事在意想不到的时间内完成了意想不到的业绩时，我们会允满敬意又略带醋意地搭讪：

"真想不到……怎么就给弄出来了？"

"还不都是被逼的。"

……

"都是逼出来的"，这样的话我们在生活中听到的次数实在是太多太多，可是又有谁想过，这平平淡淡的几个字，竟包含了多少感人的故事和成功的真谛！

"逼出来的"究竟是什么东西？

是人的潜能，是人的创造力，是创新，是发展。

猿变成了人，何等神奇，还不是大自然"逼"的吗？

爬雪山，过草地，吃草根树皮，用脚板走了二万五千里，多么伟大，但那也是被逼无奈呀！

"两弹一星"转眼升空，不可思议，也是逼出来的！

日常生活中，人在一"逼"之下发挥出超常才能的事例不胜枚举。

人是一个复杂的矛盾体，既有求发展的需要，又有安于现状、得过且过的惰性。能够卧薪尝胆、自我警醒的人少之又少。更多的人需要的是鞭策和当头棒喝式的触动，而"逼"就是"最自然"的好办法。人们常说的"压力就是动力"，就是这个意思。

因此，被逼不是"无奈"，被逼是福。

要么是被"看得起"委以重任，要么是有好运气，否则不会"逼"到你的头上来。你有了，别人就失去了。

被逼，心态就会改变；被逼，就会有明确的目标；被逼，就会分清轻重缓急、抓紧时间；被逼，就会马上行动。不寻求突破，不创新，就休想跨过这道坎，于是潜能在一逼之下因迅速积聚而爆发，如核聚变。

目标达到了，"被逼"的状态解除了，人也发展了。

不仅不要怕"逼"，而且应该主动"逼"自己，使自我经常处于一个积极进取、创新求变的良好的紧张状态，使潜能时常处在激发状态。除了在日常工作学习中要有这样的心态，另外就是要定较高的目标来"逼"自己，来提升自己。

逼自己，就是战胜自己，必须比自己的过去更新；逼自己，就是超越竞争，必须比别人更新。别人想不到，我要想到；别人不敢想，我敢想；别人不敢做，我来做；别人认为做不到，我一定要做到。潜能的力量，是非常大的！

逼自己，一方面要勇于接受挑战，把自己丢进新条件、新情况、新问题中，破釜沉舟，才能背水一战，兵法说"置之死地而后生"。另一方面，要用"自律"来逼，用目标管理、时间管理来逼，用行动结果来逼。以创新之心逼出创新的行为，得到创新的结果。创新是潜能发挥之始，亦是潜能发挥之终。

人的潜能也遵循着"马太效应"，越开发、越使用，就越多越强。

生命力是从压力中体现出来的。生命力就是创新能力，就是人的潜能，也就是竞争力。

(3)"练"就是练习。

此处特指专家为开发人的潜能而专门设计的练习、测验，如脑筋急转弯、一分钟推理等，多做有益。另外，还包括"潜意识理论与暗示技术"、"自我形象理论与观想技术"、"成功原则和光明技术"、"情商理论与放松入静技术"，等等。

(4)"学"就是学习。

学习绝对是增加潜能基本储量及促使潜能发挥的最佳方法。知识丰富必然联想丰富，而智力水平正是取决于神经元之间信息连接的面和信息量。

挖掘你的潜能

善用积极心态

消极失败的心态之所以会使人怯懦无能，走向失败，是因为它使人放弃了伟大潜能的挖掘，让潜能在那里沉睡，白白浪费；积极成功的心态之所以会使人心想事成，走向成功，是因为它使人能够挖掘出自身的巨大潜能。

人们都渴望成功，那么，成功有无"秘诀"？这里，我们就要把一个"秘诀"告诉你。

成功者之所以取得成功的根本原因就在于他能够运用积极的心态挖掘出了自身无穷无尽的潜能。任何成功者都不是天生的，只要你抱着积极心态去挖掘你的潜能，你就会有用不完的能量，你的能力就会越用越强。相反，如果你抱着消极心态，不去挖掘自己的潜能，那你只能叹息命运不公，并且越消极越无能！

每一位在通往成功的大路上艰难前行的跋涉者，都必须学会利用积极心态去挖掘自己本身的潜能，因为这是通往成功的"捷径"。

充分挖掘你的潜能

多年以前，在美国俄克拉荷马州的一片私人土地上发现了石油，这片土地属于一个年老的印第安人。

这位印第安人一辈子穷困潦倒，可石油的发现使他一夜之间成为百万富翁。发财以后他做的第一件事就是给自己买了一辆豪华的"卡迪拉克"牌旅游轿车。当时的旅游轿车在车后配有两个备用轮胎。可是这位印第安人想使它成为乡里之间最长的车子，于是又给它加上了 4 个备用轮胎。他买了一顶林肯式的长筒帽，配上飘带和蝴蝶结，还叼上一支又粗又长的黑雪茄烟，就这样把自己全副武装起来了。每天他都要驾车到附近那个熙熙攘攘、又脏又乱的小镇上去。他想去见每一个人，也想让人人都看到他。他是一位友好的老伙计，驾车通过镇上时他得不停地左顾右盼与碰到的熟人寒暄，同时还要与来自四面八方的陌生人打招呼。

有趣的是他的车从来没有撞伤过一个人，他本人也从未有过身体受伤或财产受损的事。原因很简单：在他那辆气派非凡的汽车前面，有两匹马拉着汽车。他的机械师说汽车的发动机完全正常，只是老印第安人从没学会用钥匙插进去启动点火。在汽车里面有 100 匹马力准备就绪，昂首待发，可老印第安人就要用汽车外面那两匹马。

许多人都犯了这样的错误，他们只看到外面的两匹马的力量，看不到里面的 100 匹马的力量。

罗·西弗林说过："1 分钱和 20 块钱如果都被扔在海底，它们的价值就毫无区别了。"只有当你把它们捞起来按惯有的方式花掉的时候，才会有区别。只有当你充分挖掘并有效利用你的巨大潜能时，你的价值才成为真实的和可见的。

尼亚加拉大瀑布在好几千年里，有上万亿吨的水从 180 英尺的高处奔涌而下，坠落到深渊里，毫无意义地流失掉。然而有一天，一个人制订了一个计划——利用了这巨大能量的一部分。他使一部分下落的水流有目的地经过一个特殊的装置，从而产生出上千万千瓦的电力，推动了工业发展的巨轮。从此，成千上万的家庭有了光明，成吨的粮食可以用机械收割，大量的产品被生产出并运输到全美各地。这种新的能源，使许多人有了工作，孩子们受到了现代化的教育，道路被开通，高楼、医院被建造。它带来的好处是说不完的。总之，这一切能实现，都是因为人们发现并利用了尼亚加拉大瀑布的能量，让它为一个特殊的目的服务。

我们也要学会尽快挖掘和利用自己的潜能。你要知道，你的潜能会在不断运用中得到增加而且会带给我们更多的收益。

我们应如何才能将潜能正确引导出来呢？

(1) 在使用中挖掘潜能。

要挖掘潜能，必须使用已有的能力。只有使用能力，能力才能产生实际作用。如果将某种能力搁置一旁，废弃不用，那么对现实毫无作用。很多没上过专门学校的推销员比那些专门学营销专业的大学生的推销能力高得多，正是他们在"使用中开发潜能"的缘故。

(2) 选准最易突破的一点。

面对五花八门、种类繁多的各种潜能，并不需要对每一种潜能都投入完全一样的时间成本、精力成本去大力开发。那不仅会分散有限的精力，而且也很不现实。我们在全面了解、重视整体潜能的同时，应根据自己的优势，集中力量，选准一种关键潜能进行开发，取得突破，这样就能激活整体潜能。开发潜能一定要选准最易突破的一点，以求尽快突破。

(3) 充分考虑自身的天赋、资质等客观条件。

要根据自身的天赋和资质，特别是根据自身的优势和特长来确定应当着重开发的潜能。只有这样，才能使潜能的挖掘事半功倍。人人都有自己的优势才能，人人都有自己的最佳发展区。开发潜能一定要根据自身的天赋、资质等客观条件，大力开发优势潜能，否则，费时费力还讨不到好。最新教育观提出：由于每个人的特点不同，"每个人都应当有自己的课程"。每个人开发潜能，也一定要根据自身特点，设计出自己的开发、利用潜能的蓝图。

(4) 承受适当的压力。

人往往都有惰性，只有在一定的压力下，才能最大限度地开发自身的潜能。压力是促使进步的最好动力。著名科学家贝弗里奇说："人们最出色的工作往往是在逆境中做出的，思想上的压力，甚至肉体上的痛苦，都可能成为精神上的兴奋剂。很多作家、画家平时灵感难寻，只有在交稿时间非常迫近造成的压力下，大脑里才容易涌现出灵感。"创造学之父奥斯本说："多数有创造力的人，其实都是在期限的逼迫下从事工作的。决定了期限，就会产生对失败的恐惧感，因此，工作时加上情感的力量，会使得工作更加完美。"他还说："谁被逼到角落里，谁就会有出奇的想象。"当然，压力不能过大，压力过大，就会把人给压怕了，压趴了。压力适度，不但是行动的最好保障，而且往往能把潜能发挥到极点，创造出令人震惊的奇迹。

释放你的潜能

不要压抑你的潜能

每一个人的自身都有相当大的潜能。爱迪生曾经说过："如果我们做出所有我们能做的事情，我们毫无疑问地会使自己大吃一惊。"因此，我们没有理由压抑自己本身的潜能。

无论遇到什么样的困难或危机，只要你认为你行，你就能够处理和解决这些困难或危机。对你的能力抱着肯定的想法就能发挥出积极心智的力量，并且因此产生有效的行动，直至引导你走向成功。

这里有这样一则寓言故事：

一天，一个喜欢冒险的男孩爬到父亲养鸡场附近的一座山上去，发现了一个鹰巢。他从巢里拿了一只鹰蛋，带回养鸡场，把鹰蛋和鸡蛋混在一起，让一只母鸡来孵。孵出来的小鸡群里有了一只小鹰，小鹰和小鸡一起长大，因而不知道自己除了是小鸡外还会是什么。起初它很满足，过着和鸡一样的生活。但是，当它逐渐长大的时候，它内心里就有了一种奇特不安的感觉。它不时想："我一定不只是一只鸡！"只是它一直没有采取什么行动。直到有一天，一只了不起的老鹰翱翔在养鸡场的上空，小鹰感觉到自己的双翼有一股奇特的力量，感觉胸膛里的心正猛烈地跳着。它抬头看着老鹰的时候，一种想法出现在心中："养鸡场不是我待的地方，我要飞上蓝天，栖息在山岩之上。"它从来没有飞过，但是，它在内心有着飞翔的力量和天性。它展开双翅，飞到一座矮山顶上，极为兴奋之下，它再飞到更高的山顶上，最后冲上青天，到了高山的顶峰。它发现了伟大的自己。

也许有人会说："那不过是个很好的寓言而已。我既非鸡，也非鹰，我是一个人，而且是一个平凡的人。因此，我从来没有期望过自己能做什么了不起的事。"或许这正是问题的所在——你从来没有期望过自己做出什么了不起的事来。这是事实，而且，这是问题严重的事实，那就是我们只把自己钉在自我期望的范围以内，我们压抑了自己的潜能。

但是人体确实具有比表现出来的东西更多的才气、更多的能力、更有效的机能。

有一句老话说："在命运向你掷来一把刀的时候，刀口或刀柄，你只能抓住它一个地方。"如果抓住刀口，它会割伤你，甚至使你送命；但是如果你抓住刀柄，你就可以用它来劈开一条大道。因此，当遭遇到大障碍的时候，你要抓住它的柄，换句话说，让挑战提高你的战斗精神。你没有充足的战斗精神，就不可能有任何成就。因此你要是能发挥战斗精神，它就会引出你内部的力量，并把它付诸行动。

每一个人的真正自我都是有磁性的，对别人具有强大的影响力和感染力。通常说某个人"个性很有魅力"，这是因为他没有压抑自我的创造性和具有表现自己的勇气。

"不良个性"（也可称为被压抑个性）是对个人潜能的一种压抑，其特征是不能表现内在的创造性自我，因而显得停滞、退缩、禁锢、束缚。受压抑的个性约束真正的自我表现，使个体总有理由拒绝表现自己、害怕成为自己，把真正的自我紧锁在内心深处，并大量地消耗着心理能量，使身体终日处于疲惫不堪的状态，思维也几乎陷于停顿境地。

压抑的症状有很多：羞怯、腼腆、敌意、过度的罪恶感、失眠、神经过敏、脾气暴躁，无法与别人相处等。

正如前面所述，每个人自身都蕴藏着有无限的潜能，只是未被激发或受到压抑。

如果你见了生人就害羞；如果你惧怕新的陌生环境；如果你经常觉得不适应、担忧、焦虑和神经过敏；如果你感觉紧张、有自我意识感；如果你有类似的面部抽搐、不必要的眨眼、颤抖、难以入睡等"紧张症状"；如果你畏缩不前、甘居下游：那么，说明你受到的压抑太重，你对事情过于谨慎和"考虑"得太多，限制了你的个性发挥和表现。

假如你是由于潜能受到压抑而遭到不幸和失败，就必须有意识地练习解除抑制的方法，让生活中的你不那么拘谨，不那么担心，不那么过于认真，学会在思考之前讲话，戒除行动之前"过于仔细"的思考。

发挥潜意识的最大功效

不可否认，每个人思路都有打结的时候，但遇到这种情形时，并不表示"心的图书馆"内的资料有所短缺，很有可能是潜意识正在忙着将知识存放进资料库或处理其他的事，而无法顾及你当时的需要。

潜意识是非常忠实的仆人，不管你所需记忆或处理的事项有多少，它绝不会抱怨负担太重。"心的图书馆"的储存空间无限，即使是爱因斯坦这么伟大的天才，他的"图书馆"也从未发生过装满的情形。

广告从业者，都知道创意的产生是如何之难。一名广告公司的设计者，往往会将自己关在房间内，不接听任何电话，也不容许别人来打搅，一个人在房间里冥思苦想，然后在两三个小时后，带着微笑与计划走出房间。这种现象，广告界人士谓之"阵痛"。

事实上，杰出的创意并非皆在阵痛间产生，有时只要坚持思考数天，它就会从脑海中显现出来。譬如：推销员于深夜梦醒时，突然悟出如何应付难缠客户的方法；作家在第二天早上刮胡子时，突然找到灵感；艺术指导在前往办公室的公车上突然想出全新的点子等。

这类突如其来的灵感便是从潜意识中来的。攻关会议后的两三天，那些为找不出灵感而伤透脑筋的人便会将这个工作交给潜意识负责。过了一段时间，我们的好朋友潜意识会自动将点子呈上会议桌。就在此时，推销员、作家、艺术指导获得了他们的灵感。至于灵感获得的时间长短则因人而异。

你也是一样，只要肯努力使潜意识变得更活跃，就可获得无穷无尽的创意。总之，你必须学习利用名叫潜意识的精神工具。

需要强调的一点是，积极态度是一种暗示。一旦你开始进行"不达目的，誓不罢休"的意识化努力时，潜意识便会吸收你的意识中所有积极观念，使你充满自信，你的行为、态度、谈吐、心态皆会随之一变。若能坚持，成功最后必然属于你。

此时，你会发现，你的一切作为都会收到成果，而你所踏出的每一步都能正确地引导下一步踏出的方向。

当然，潜意识产生积极效力需要时间，并非想要就有，尤其是那些从未达到目标的人，所需要的时间更长。因为，一个人的态度不可能在获得一两个积极暗示之后，一夜之间便有所改变。反之，只要你肯努力上进，并设法剔除盘旋于自己潜意识中的消极意识，潜意识定能发挥其最大效用。所谓有耕耘才有收获，坐等机会降临，即使有奇迹出现，也是短暂的。

 利用你的潜能

播下成功的种子

拿破仑·希尔说："潜意识是一块丰富的土壤，只要持续不断地播种，种子就会在潜意识的土中生根、发芽、成长。"这种用植物来比喻潜能的作用和成效的说法是非常恰当的。

潜意识就像富饶的土壤，所以我们要拼命播下好种子。

希尔说："潜在的意识就和一块沃土一样，如果不播下好种子，就会杂草丛生。"也就是说，潜意识是一块相当富饶的沃土，所以它既能够使树木生长茂盛，也可以使杂草丛生，并且那不仅仅只是一撮杂草，有时候他们可能会成为一大片杂草丛，最后成为我们前途上的阻碍。也就是说，一个人的运气会愈来愈坏，坏到无法前进的地步。

因此，你要想取得成功，就必须首先在你的潜意识的沃土上播下成功的好种子。

学会利用你的潜能

每个人都具有某种特殊的潜能。但是许多人并不认为这些特殊潜能会对现在的工作有所帮助，或者并不知道如何运用这项才能，以至于将属于自己的这项潜能白白浪费了。

每个人应该在各方面都能尽量灵活运用自己的这项特殊潜能。事实上，有很多人以为自己所具有的这项潜能，只是一些不登大雅之堂的"小玩意儿"，根本不曾想过利用这项"小玩意儿"来提高身价。正因为我们怠于思考自己所拥有的潜能，所以也懒得活用上天赐予的最佳礼物。

下面是某广告公司总经理当年初入广告界的经过。

在 20 岁以前，他渴望成为一名技师。在学校时，他很努力地充实自

己有关这方面的知识。有一次，他想卖掉手边的一架唱机和唱片，于是选出了几位对这方面有兴趣的朋友，分别写信问他们，看谁愿意买。其中一位朋友看了信之后非常愿意购买，于是立刻回信，在这封回函里，这位朋友不断地夸赞他文笔流畅，颇具说服力，因此建议他，既然能写出这么有魅力的推销信函，为什么不投入广告界从事撰写广告的工作呢？

朋友的这封信，就像一粒小石头丢入水中，激起了阵阵涟漪，"投入广告界做个出色的广告人"的思想就此整日盘旋在他脑中。如果我们从另一个角度来看，当他立志要在广告界一展身手时，事实上，他便已经成功了。

有一个人，参加同学聚会时，突然被要求谈一些有关最近盛行的海外旅游的话题。由于这是他头一次在众人面前讲话，所以话中常有断续的情况出现。但是同学聚会结束后，有一位老同学跑来跟他说："你所讲的内容非常有趣，希望今后有机会能再听你演讲。"在被这位老同学恭维之前，他从未想过尝试在公众面前讲话。于是他开始觉得自己并不是那么差劲，对自己的演讲才能又多了一份信心。现在，这个人已经成为企业经营问题的演说家了。

爱迪生并未受过正规的教育，却在科学界有极为杰出的成就。

有一次他谈到发明电灯的经过，有人问他："如果你到现在还没有成功，你会怎么办？"他的眼中闪着愉悦的光彩说："我一定还在实验室里工作，没有时间和你聊天。"

爱迪生坚信没有所谓的"失败"。有人曾经做过一项实验，考验人们在面对失败或打击时的耐性，测试一般人能忍受几次失败而不会灰心。大多数的人只遭遇一次挫折之后就不想再尝试了，极少数的人会尝试第二次，有很多人还没有真正遇到挫折就放弃了，因为他们预期会失败。不用说，在这群人之中找不到福特或爱迪生。

一个人不论目前身价如何，工作如何，只要有心改变，都能将其独具的"特殊潜能"发挥出来。

有位人寿保险公司的业务员，过着极为平凡的生活。他一直努力工作，每个月访问100位客人，每个月里也总有一两次的机会接触到大人物——大多是公司总经理级人物。虽然他每次在拜访这些大人物前，多少有些神经紧张，然而当他和这些大人物会面时，却发现他们往往比那些微不足道的小客户更易沟通。更令人惊奇的是，每次访问这些大人物之后，缔结契约率总是比与那些小客户的缔约率要高得多。

究其原因，原来每当他和大人物见面交谈时，他神经紧张的毛病立刻消失，而且总是尽量投其所好，寻找对方有兴趣的话题，大人物们最讨厌那种阿谀奉承的人，而这位业务员绝对避免如此，因此谈话始终轻松愉快。尽管他有能力说服这些大人物购买他的保险，但由于他并不常拜访这种大人物级的客户，所以一年内只有两三笔大生意而已。

实际上，在这里我们已可以明显地看到他的"潜能"都被隐藏起来了。"潜能"的信号闪个不停，但是他从不曾注意到，更不用说活用这项潜能了。因此，纵使他具有富如金矿的特殊潜能，但老是干坐在上面，也只是空有财富罢了。

日子就这样一天天过去了，数年之后，他的上司换了。新上任的业务经理知道他具有开发大客户市场的能力，更想了解为什么他不能好好利用这项潜在的能力呢？

经过一番会谈，他告诉业务经理："我每次想要拜访大人物时，精神总是非常紧张，所以我并不是很想去拜访他们。"业务经理听完他的话后分析，如果感觉到自己具有一种和大人物交谈时会产生积极作用的能力，神经紧张马上就会消失。业务经理就对他说，所谓自信其实就是觉得自己有能力去完成该完成的事。又过了数年，这个业务员成了保险界数一数二的业务高手。

不论是何种潜能，一旦你开始运用，就会如同启动开关按钮般，立刻在心底涌起某方面的自信，为什么呢？因为所谓自信，大部分都是在觉得自己拥有某种特殊潜能后产生的。

为烦恼的人打气是一种特殊本领，能够强记数字也是一种特殊潜能。

所以从现在起，不要丢弃那些曾经以为是无聊的小玩意儿，不妨试着思索出如何运用这些小玩意儿，来提升自己的身价，使自己更加接近成功。以下几种方法供参考。

(1)任何人都有某种特殊潜能，有某种特别关心的事物，把握这些，将对自己的人生大有助益。

(2) 重新估价自己的某些"长处"。

(3) "鬼主意或小才能不重要"的观念，是大错特错的。

(4) 不要钻牛角尖，去探求潜能是从哪里来的。

(5) 刚开始利用这些潜能时，可能需要相当的勇气，一旦取得突破，就易如反掌了。

你不妨对自己好好审视一番。你所具有的任何潜能，都是你身价即将大涨的前兆，所以你必须仔细地考虑如何运用，这些都是使你拥有自信以及迈向成功的契机。

第五部

你是第一位的

提炼自《你是第一位的》（［美］罗伯特·林格著）

【关于本书】

这本书是美国畅销书作家罗伯特·林格的代表作，林格一生写过 7 本书，其中 3 本成为各大图书网站排名第一的畅销书。他的读者超过数百万，他的书被译成几十种语言。

【点亮心灯】

1. 为了获得幸福，你需要把自己放在第一位！

——《你是第一位的》

2. 我们不能控制生活，但是我们能够和它斗争。

——华兹华斯

跨越消费危机的障碍

有钱不要乱花

美国有位作者以"你知道你家每年的花费是多少吗"为题进行调查，结果是近 62.4% 的百万富翁回答知道，而非百万富翁则只有 35% 知道。该作者又以"你每年的衣食住行支出是否都根据预算"为题进行调查，结果竟是惊人的相似：百万富翁中根据预算的占 2/3，而非百万富翁只有 1/3。进一步分析，不做预算的百万富翁大都用一种特殊的方式控制支出，亦即造成人为的相对经济窘境，如将一半以上的收入先作投资，剩余的收入才用于支出。

这是巧合吗？不是的。这恰好反映了富人和普通人在对待钱财上的区别。节俭是大多数富人共有的特点，也是他们之所以成为富人的一个重要原因。他们养成了精打细算的习惯，有钱就拿去投资，而不是乱花。

有些人往往把本来应该用于发展他们事业的必备资本，用到雪茄烟、香槟酒、舞厅、戏院等消费上。如果他们能把这些不必要的花费节省下来，时间长了存款一定大为可观，并能为将来发展事业奠定一个经济基础。

也有些人花钱如流水一般，胡乱挥霍，这些人似乎从不知道金钱对于他们将来事业的价值。他们胡乱花钱的目的好像只是想让别人夸他"阔气"，或是让别人感到他们很有钱。

还有些人收入不高，但花起钱来可真是愚蠢之极。他们会为了买一些只有富人才买得起的小古玩和衣服，把所有的钱都花光，但等到想做点正经事情时却身无分文了。

有钱不要乱花，存下每个月赚来的辛苦钱，先撇开暂时的物质诱惑，为你的长远目标而努力。开始时你可能毫无收获，一段时间后必能满载而归。

 # 跨越社交恐惧的障碍

认识社交恐惧

社交恐惧是人际交往中的最大障碍，是一种缺乏自信的表现。刚步入社会的青年往往会出现社交恐惧的情况，这种恐惧的内容其实有两方面：一是自身，如疾病、身体残疾或自己具有某些缺点；一是社会，担心自己的才华能力是否适应于社会，在社会中是否会遭受排斥，能否与他人和谐相处，自己是否会寂寞、孤独。

人生天地间，天灾人祸在所难免，一味地恐惧不过是杞人忧天，即使真有灾难降临，也于事无补，徒然地耗损了自己的身心。恐惧不会带给人乐观和信心，只能让人觉得生活暗淡，心灵更加忧伤。恐惧属于不良的心理反应，它妨碍了正常的人际交往，将人与人之间的心理距离越拉越远。

社交恐惧的产生，主要是由于缺乏自信、性格懦弱所致。人们往往很在意自己身上的缺点，一旦发现自己的不足，就立刻感觉颓丧、萎靡，遇事便缩头缩脑起来。人类的惰性和人性的懦弱，使其不敢正视自己的弱点，反而采取逃避的态度，用"我不行"来堵塞一切进取之路。这种想法和态度是十分有害的，既不利于个人身心的健康成长，也有碍于工作、事业的发展，于国于家以及个人都是没有好处的。

必须打败这种恐惧，并战胜这种恐惧，才能扫除社交障碍，顺利发展人际关系。那么，我们应该如何去做呢？首先要精神饱满，充满自信。要想克服社交恐惧，必须振作精神，树立信心，让自己的生命充满活力。

对一个人而言，想做成一件事并不难，关键在于有没有精力，有没有信心。做成一件事，就会积累一点信心，不断地去做，随着成功的积累，信心也必然增强。

其次，要善于发现自己的长处，积极地予以肯定。任何人都有他的长处，你也不例外。由于社交恐惧，你已不能正视自己了，只要你睁开眼睛看一看，就会发现自己其实也不错。你不仅待人和蔼，而且还很守信，这就是长处。你应该为自己的这一发现而感到高兴和欣慰，不断地发现，不断地努力，你就会越来越自信。

克服社交恐惧

有些青年朋友害怕社交，讨厌到人多的地方，比如音乐茶座、舞厅、咖啡馆等，甚至亲朋好友的喜庆宴请，他都不敢前往。有时遇到熟人也避得远远的，唯恐交谈应酬。

虽然社交恐惧症的成因很复杂，但根据心理分析，自卑和害羞是两个不可忽视的因素。有这种症状的人，很难自然地与人交往，因而常常处于某种孤独状态，影响了人际交往。

自卑心理是完全可以战胜的。首先要增强自信心。其实，无论在哪种社交场合，人们在人格上都是平等的，大可不必自惭形秽，以为低人三分。因为自卑，有人总觉得别人看不起自己，实际上，这多半是自己低估了自己的缘故。如果别人有轻视你的行为，那也往往是由于你不恰当的躲避行为所造成的。由于游离于正常的交往圈子之外，别人就无法对你做出正确的判断而造成疏远、冷漠等，这又反过来强化了你的孤独感，造成恶性循环，从而使你显得更不合群。要改变这种情况，唯一的办法就是抛弃自卑感，大胆率直地进入各种社交圈子。在互相交往中，你才能真正地认识到你自己的才华，从而逐渐学会正确评价别人和自己，提高自己的自信心。

其次是要忘掉自我。害羞的人都过分注意自我：我这样说话好不好？我的衣着打扮是否得体？满脑子都是这样的念头，结果就越想越紧张，越紧张越拘谨，如不及时摆脱这种窘境，势必导致交往失败。如果换一个角度想问题：眼前的交往对象未必比自己高明，或许他也羞怯和害怕。在这种充满信心的情况下，我们就能够变得坦然自若、镇定沉着，而精神上的忘我和放松一旦形成，正常交往的条件和气氛就出现了。

另外还要加强实践，勇敢地迈出交往的第一步。正如社会心理学家指出的那样：一次成功的社交经验，能极大地破除社交神秘感并且增强自己对社交的自信；多次成功的体验，就会使人形成对社交的新的条件反射，学会自然大方地与任何人交往。归根到底，没有天生的社交活动家，社交恐惧症的根治只有在反复的社交锻炼中才能实现。

跨越过度紧张的障碍

认识过度紧张

精神紧张是现代社会中一种十分流行的文明病。它是人的机体对现代生活节奏加快及工作紧张等刺激所作出的反应。紧张过度，不仅会导致严重的精神疾病，还会使美好的人生难以实现。把自己的神经之弦调得轻松一点学会放松自己，才能在人生的大道上高歌猛进。

美国全国高等院校篮球锦标赛的某场比赛还有几秒钟就要结束了，此时丹尼尔·马歇尔走到罚球线前。这时对垒的两队正好打成平手，马歇尔只要两罚进一，他的球队就可以获胜。

平常练习，马歇尔罚球几乎是百发百中的。这天晚上，他在全场观众的注视下深吸了一口气，拍了几下球，然后注视着篮圈——结果两罚俱失，他由于紧张而没有投中。比赛进入加时赛，最终马歇尔的队输了。

紧张是一种人人都具有的、在一定情景下出现的情绪状态。适度的紧张情绪能提高人的反应速度和活动效率，但过度的紧张则是一种不正常的情绪状态，对人的心理和活动本身都会产生不良影响。

长期过度紧张会演变为紧张症。紧张症状表现为精神的和体力的失常，包括：疲乏、食欲不振或食欲过旺、头疼、好哭，失眠或睡眠过度。伴随紧张情绪的可能是吼叫，莫名其妙的烦恼或者无所事事的感觉。

现代人们的生活节奏太快，有些人自己把自己逼迫得太厉害。他们疯狂地逼迫自己赚钱，希望自己能够高人一等。结果常常得不偿失，所得到的物质财富并不能补偿他们失去的健康。

我们每天都可以看到许多神经紧张、被逼得团团转的人。还有一些人虽然表面很轻松，但其实内心很紧张，只是他们懂得如何掩饰自己而已。

物质成就的取得需要付出多大代价？值得我们因此而患高血压吗？值得我们牺牲个人的健康吗？

现在很多人患了神经过度紧张的毛病，这个毛病甚至比我们所谓的"伤风感冒"更为普遍；心情真正平静的人十分少见。从各种方面来说，因此患高血压的人数，可能比我们所担心的任何其他疾病，诸如癌症、心脏病等多得多。

过度紧张可能导致你患高血压，松弛则可令你身体健康。医学专家已经指出，放松对心脏病患者大有帮助。对于从事神经需高度紧张的行业的人以及心脏病患者，医生往往在处方中把"放松心情"列为良药，或甚至把它当做是恢复健康的第一良方。

为什么有人会过度紧张呢？主要原因有以下几点：性格上有负面因素，如胆小怕事、害羞腼腆、苛求完美、墨守成规等；受过挫折或失败的打击；有过严的家教或其他约束。

我们只有认识到这种过度紧张的情绪，才能更有效地克服它。

克服过度紧张

人人都会有紧张感。焦虑与紧张亦如饥渴，皆为人之本能。它是人在其安全、健康、幸福或自尊面临威胁时的自卫性反应。因此，尽管偶发的一阵焦虑与紧张感会使人感到不快，但这属正常现象，不必在意。

只有当情绪的不安频繁发作，致使心神不宁且一时难以消除时，方应引起重视。

如何发现自己的心理紧张已经超过了正常限度呢？试回答下列问题，便可知分晓。

你是否偶遇疑难或稍受挫折便张皇失措？

你是否觉得与他人不易相处，同时别人也难以接近你？

你是否难以从生活的平凡乐趣中获得满足？

你是否一刻也不能丢开你的烦恼？

你是否惧怕应付那些过去从未使你感到烦心的人或事？

你是否好猜疑他人，不信任朋友？

你是否感到自己智穷力竭，备受自我怀疑的折磨？

对上述问题，如果你的回答大多数是肯定的，也不必惊慌。不过，这表明你需要对过度紧张的心理采取措施了。下面是美国著名电视节目主持人坎贝尔和其他知名人士建议的一些方法，能够帮助你驱除紧张。

(1) 做好准备工作。

坎贝尔说，他主持节目时永远不会紧张。他的秘诀是做足准备工作。他认为，在准备过程中吸取资料固然重要，但更重要的是做准备工作这个行动，并且知道自己已花了时间做准备工作。坎贝尔说："你如果自欺欺人，强装充满信心，你心里明白那是假的信心，然而，因做足准备工作而产生的信心却是真的信心。"

(2) 睡个好觉。

美国的博格金快餐店是个拥有 7 亿美元资产的集团，它的总经理吉姆·亚当森准备向董事会提出一项有争议性的公司大改组计划。在提计划的前一晚，他本想通宵做准备工作，但终于压下这个念头，像运动员那样上床去睡了个好觉。第二天，他在会前花了半小时把他的计划的要点再细看了一次，然后走进会议室。亚当森事后回忆说："我相信，保持精神饱满绝对是件重要的事情，精神好，就不会紧张，表现就会比较出色。"

(3) 别忘了进食。

美国著名歌星罗珊·卡希还记得有天晚上她在纽约一家夜总会演出两

场的情形。第二场表演开始之前，她觉得胃不舒服，想呕吐。她勉强把节目演完，然后才想起她整天没吃过东西。她说："原来是血糖太低了，身体的状况可以解释许多心理上的问题。"

(4) 化整为零。

坎贝尔说："干我们这一行，你如果把每一天的工作都看成一个两小时的节目，一定会觉得很紧张。我的做法是把它看成 4 个半小时的节目，每个节目都有开头部分、中间部分和结尾部分。你要是也这样，就不会觉得工作紧张得难以应付了。"

(5) 单纯化。

杰生·艾兰是丹佛野马足球队队员，在一场比赛中也许只能上场几次，每次只一会儿。但是他一出场，所有人的眼睛都会盯着他看。为了避免受观众的影响，艾兰把注意力完全集中于怎样踢那个球。他说："我上场时一定会这样想：不必紧张，不能分心，这能使我专心致志，不会受别的事情影响。要是心里想着胜负全看这一踢，我踢的球必定进不了球门。"

(6) 深呼吸。

罗珊·卡希每次演出之前都会觉得身体不适。这位歌星说："有一件事一定要记住：紧张与轻松之间唯一的差别就是呼吸，上舞台时，我会想象自己从头到脚都在呼吸。这有助于减轻心理压力，而不紧张。"

(7) 勇往直前。

你要是发觉自己临阵胆怯或犹豫，鼓起勇气就可使你完全改观。美国表演心理学专家吉姆·罗尔说："抬头挺胸，迫使你自己变得精神抖擞地上场。我们每个人都必须积极奋斗，以应付面前的挑战。"

(8) 以自嘲保全面子。

美国杰出的广告公司经理杰瑞·德拉·费米纳有一次向客户作简介，为了让客户有个好印象，他特别介绍自己最近曾获得好几项广告大奖。话说了一半，他发觉他的自我推销并不怎么受欢迎。于是他紧急刹车，改口说："这只不过是生活中无聊事的另一个例子罢了。"自嘲是不会为自己带来麻烦和紧张的。反而，它还有有助于你克服过度紧张。

跨越优柔寡断的障碍

优柔寡断危害大

伟大的希腊哲学家苏格拉底说："当许多人在一条路上徘徊不前时，他们不得不让路，让那些珍惜时间的人赶到他们的前面去。"

当有人问亚历山大是如何征服世界的时候，他回答说，他只是毫不迟疑地去做这件事。

那些总是摇摆不定、犹豫不决的人肯定是个性软弱、没有生气的人，他们最终将一事无成。因此，试图面面俱到、万事平衡的人做出的无益而琐碎的分析，是抓不住事物本质的。决策最好是决定性的、不可更改的，一旦做出之后就要用所有的力量去执行，就算有时会犯错，也比某些人那种事事求平衡、总是思来想去和拖延不决的习惯要好。

人生充满了选择。不管是读书、创业或婚姻，我们总要在几个可供选择的方案中，做一个"赌注式"的决断。对于我们所选择的结果究竟是好是坏，也往往没有明确的答案。机会难得，想再回头重新来过，是绝不可能的。因此，我们可以说：决断是各种考验的交集。

其实，上天并未特别照顾那些抓住机会之神的幸运者，只不过是他们一直对问题苦思对策，并毫不犹豫地去做，因而获得了机会之神的青睐。

拿破仑在紧急情况下总是立即选择自己认为最明智的做法，而牺牲了其他所有可能的计划和目标，因为他从不允许其他的计划和目标来不断地扰乱自己的思维和行动。这是一种有效的方法，充分体现了勇敢决断的力量。换句话说，也就是要立即选择最明智的做法和计划，而放弃其他所有可能的行动方案。

决断并非一意孤行的"盲断"，也非逞一时之快的"妄断"，更非一手遮天的"专断"。决断除了要有客观的事实根据、出众的预见性眼光外，同时更要有决心与魄力。

莎士比亚说："我记得，当恺撒说'做这个'时，就意味着事情已经做了。"英国著名女作家乔治·艾略特则这样判断一个人："等到事情有了确定的结果才肯做事的人，永远都不可能成就大事。"

总之，果断决策对我们非常重要。快速的决策和异常的胆略使许多成功人士渡过了危机和难关，而关键时刻的优柔寡断只能带来灾难性的后果。

摆脱优柔寡断

对于生活中所碰到的实际问题，你不可能总是处理正确，趋利避害。但是假如你遇事不是优柔寡断，举棋不定，而是采取果断行事的原则，你会将可能发生的错误减少到最小。

有些人简直优柔寡断到无可救药的地步，他们不敢决定任何一种事情，不敢担负起应负的责任。而他们之所以这样，是因为他们不知道事情的结果会怎样——究竟是好是坏，是凶是吉。

他们常常对自己的决断产生怀疑，不敢相信自己能解决重要的事情，因为犹豫不决，他们往往失去很多东西。优柔寡断的人往往不是有毅力的人。优柔寡断还可能破坏一个人的自信心和判断力，并大大浪费个人的精力。

对于想成功的人来说，犹豫不决、优柔寡断是一个阴险的敌人。它可能在其他伤害你、破坏你、限制你的情况出现之前，就把你置于无法自拔的境地。不要再等待、再犹豫，决不要等到明天，今天就应该开始。要逼迫自己训练一种遇事果断坚定、迅速决策的能力，对于任何事情切不要犹豫不决。

其实在人们做出的所有决定中，只有较少复杂的事情，在决断之前需要从各方面来加以权衡和考虑，要充分调动自己的知识，进行最后的判断。

对于大部分事情，在做决定的时候都要做到：一旦打定主意，就决不更改，不再留给自己回头考虑、准备后退的余地。一旦决策，就要断绝自己的后路。只有这样做，才能养成坚决果断的习惯。这样做既可以增强人的自信，同时也能得到他人的信赖。

决策果断的人，在做决定时难免会发生错误，但是因为他的自信，再加上以后经验、阅历的增加，会把错误决策可能带来的损失弥补过来。他们要比那些不敢开始工作，做事处处犹豫、时时小心的人强得多。做一个决策果断的人会为你带来别人的尊重，也会给你带来成功。

跨越意志薄弱的障碍

意志薄弱的悲剧

意志是一种为了达到一定目的，自觉地组织自己的行动，并与克服困难相联系的心理过程。在人的意志行动中表现出的稳定的、鲜明的心理特征，即人的意志品质。一个人的行动如果是自觉的、果断的、具有自制性和坚持精神的，那他就具备了良好的意志品质；相反，如果一个人在行动中经常表现出盲从、独断、优柔寡断、动摇、固执、冲动、意气用事等特点，那就是具有不良的意志品质，即意志薄弱。

意志薄弱是妨碍你获得成功的敌人。意志薄弱的人常会问自己："我为什么会变成这个样子？"但却很少有人问："我能改变自己吗？"或"我可能改变吗？"

吉姆这个年轻人不管到哪个公司工作都不讨人喜欢。他干事无耐性，不懂得什么叫忍耐。有一次上级让他负责完成一份很简单的报告，可他只干了一会儿就跑到外面喝咖啡去了，结果差点儿把工作给耽误了。

他喝起酒来没完没了，常常喝得酩酊大醉，第二天就索性不去上班。有时还趁着酒性在店里胡闹，侮辱女服务员，惹了不少麻烦。他用钱毫无计划，到处借债，以致他的工资和奖金常常全都被用来还债。他的妻子忍受不了丈夫的种种荒唐，便扔下两个孩子离家出走了。

在吉姆离开公司好几年后，过去的同事们在报纸的社会版上发现了他的名字。那上面说，流浪汉吉姆因生活困难在百货公司和超级市场等处行窃时被警方当场抓获。

吉姆之所以落了个穷困潦倒的结局，其原因在于他在少年时代备受宠爱和娇惯，而后来环境起了变化，他却意志薄弱适应不了这种环境的变化。简而言之，吉姆是一个毫无责任心、没有出息的男人。

这种人，可称之为意志薄弱者。精神科专家们的研究表明，所谓异常人格 1/5 以上属于这种类型。

可见，如何克服意志薄弱的问题不可忽视，这是缔造幸福人生的关键一环。

做一个意志坚强的人

意志是我们用来达到生活目的的工具之一。每一个人都有意志力，因为每一个人要达到某个目的，都需要意志力。

有许多人，他们知道忍耐痛苦的方法，能够应付困难，能够拒绝不健康的享乐的引诱。这样的人，就是意志坚强的人，他们比起那些意志薄弱的人来，肯定是更有才能的。那些意志薄弱的人通常的表现是：他们知道不酗酒是有益健康的，可是他们却不能抵抗酒精的诱惑；应当努力实际工作的时候，他们却在梦想着别的事。总之，他们在生活上，没有确定的目标。

人大体可分为两类：一类是意志坚强的人，另一类是意志薄弱的人。后者在面临困难、挫折时总是选择逃避，畏缩不前；面对批评，他们极易否定自己，从而灰心丧气，等待他们的只有痛苦和失败。而意志坚强的人则相反，他们内心中都有种与生俱来的坚强特质。所谓坚强特质，是指在面对一切困难时，仍有内在勇气承担外来的考验，能够磨炼自己如磐石般的意志。

李吉均，地理学家，1933 年 10 月 9 日生于四川彭州市，从事冰川学、地貌学与第四纪研究。在青藏高原起源及冰川演变、庐山地貌及冰川成因等一系列问题上做出了开拓性贡献，其成果被广泛引用。李吉均院士在回顾自己的学术道路时，把自己的成功归结为"持久地追求理想，持久地追求科学真理"。但是在他有所作为时，中国陷入了"左"倾的灾难，李吉均受到了错误的处理。面对突如其来的打击，李吉均没有沉沦，而是保持一颗赤子之心，刻苦学习，诚实劳动，并寻找机会做自己愿做的工作。在1971年林彪"九·一三"事件之后，国内政治生活稍有好转，李吉均抓住这短暂的机遇，义无反顾地踏上了西藏高原的山山水水，尝尽了生活的艰难困苦。1974年，在西藏羊卓雍湖畔的冰川上，李吉均积劳成疾，患上了严重的肺气肿，但他仍然坚持工作。虽然工作又苦又危险，但李吉均的内心却真切地感受到了充实和快乐。是啊，在那样的年代能够不受干扰地为祖国做一些真真切切的实事，向自己的理想实实在在地迈进是何等的幸福啊！

在西藏和新疆工作期间，李吉均凭着执着的心、顽强的意志和满腔的热情，对天山、祁连山、藏东南横断山脉的冰川做了大量翔实周密的考察，积累了大量极有价值的科学数据，而这就成了他后来科学与研究取得成功的坚实基础。

通过实地考察，李吉均对李四光先生主张的庐山古冰川渐生疑团，李四光先生可以说是我国地质学界的泰山北斗，敢于怀疑他的论断，无疑需要巨大的理论勇气。但李吉均凭着一股执着的劲儿参与了关于中国东部古冰川的大争论。他充分利用与庐山同纬度的横断山区的海洋性冰川的研究成果，自成一家之言，并得到了地理学界的广泛认可。

每个人都会遇到挫折，也都有意志脆弱和决心消失的时候，这是任何人都必须正视的现实，但是有些人能靠自己坚强的特质重新恢复自己的意志和决心，他们是意志坚强的人。

已过世的克雷吉夫人说过："美国人成大事者的秘诀，就在于敢直面人生中的困难。他们在事业上竭尽全力，毫不顾及失败，即使失败了也会卷土重来，并立下比以前更坚韧的决心，努力奋斗直至成大事。"

一个人只有具有顽强的意志，努力拼搏，他的生命才会充满活力，他的人生才会五彩缤纷，他的价值才会得到充分的体现，他的生活才会变得更加有意义。

跨越心胸狭窄的障碍

心胸狭窄者善妒

一般来说，心胸狭窄的人都有一颗善于嫉妒别人的心。而一个人的嫉妒心常常会令他采取一些过激行为，这对于个人的成长来说不啻于一颗毒瘤。

在某大学曾经发生过一个悲惨的故事：一名生物系即将毕业的女研究生用水果刀将自己的导师刺伤，随即举刀自尽。

这个女生自小就性格孤僻，爱嫉妒他人，虽然在升学的道路上，她成绩优异，一帆风顺，但她孤僻而爱嫉妒的性格却始终没有改变。在就读研究生时，她的刻苦精神深得导师器重，但导师更喜欢另一位男生灵活而幽默的性格。于是女生数次在导师面前中伤那位男生。导师明察之后，发现多数事情纯属子虚乌有，便委婉地批评了女生。由此，女生怒不可遏，做出了伤师残己的愚蠢行为。

类似上面的事情在我们身边不止一次地发生，然而我们却常常只当故事来听、来看。其实，嫉妒的杀伤力远超出我们的想象，每当心中怀着一股嫉妒之火时，受伤最深的就是自己。

有一则寓言故事说得很好，一只老鹰常常嫉妒别的老鹰飞得比它好。有一天，它看到一个带着弓箭的猎人，便对他说："我希望你帮我把在天空飞的其他老鹰射下来。"猎人说："你若提供一些羽毛，我就把它们射下来。"这只老鹰于是从自己的身上拔了几根羽毛给猎人，但猎人却没有射中其他的老鹰。它一次又一次地提供身上的羽毛给猎人，直到身上大部分的羽毛都拔光了。于是猎人转身过来抓住它，把它杀了。

嫉妒对嫉妒者的伤害，正如铁锈对钢铁的伤害一样。心胸狭窄者之所以避免不了失败的结局，就在于他们心存不良。不愿别人超过自己倒还罢了，要命的是，当自己倒霉之时，也要别人没好日子过。

听一听智者的箴言，让我们再次认识嫉妒之害。英国作家萨克雷说："一个人妒火中烧的时候，事实上就是个疯子，不能把他的一举一动当真。"

另一位英国作家亚当契斯说："不要让嫉妒的毒蛇钻进你的心里，这条毒蛇会腐蚀你的头脑，毁坏你的心灵。"

英国逻辑学家罗素说："善嫉的人，不但从自己所有的东西中拿掉快乐，还从他人所有的东西中拿走痛苦。"

英国诗人雪莱说："妒忌的眼睛易受欺骗。"

英国哲学家培根说："妒忌会使人得到短暂的快感，也能使不幸更辛酸。"

德国散文家海涅说："失宠和嫉妒曾使天使堕落。"

英国戏剧家莎士比亚说："善妒者必惹忧愁。"

既然嫉妒如毒素，就应消灭它，不让嫉妒之火成为心中的绳索。你要明白，嫉妒实质上是在不知不觉中毁灭了你自己。一滴水成不了海洋，一棵树成不了森林。任何事业的成功都少不了合作，而嫉妒却总是会拆散所有的合作。因而，克服嫉妒，你就要时刻提醒自己：单打独斗将一事无成。

著名的华尔街投资大师巴鲁克说："不要妒忌。最好的办法是假定别人能做的事情，自己也能做，甚至做得更好。"记住，一旦你有了妒忌心，也就是承认自己不如别人。你要超越别人，首先你得超越自身。坚信别人的优秀并不妨碍自己的前进，相反，它可能给你前所未有的动力。事实上，每一个真正埋头苦干自己事业的人，是没有工夫去嫉妒别人的。

忘掉嫉妒，你的胸襟会渐渐宽广起来。

导致心胸狭窄的主要原因及其危害

导致心胸狭隘的原因有很多，其中主要有以下3个方面。

(1)封闭的环境容易导致狭隘。如果一个人长期生活在一个相对封闭的环境中，交际的范围狭小，思想、眼界、心胸就不会太开阔。

(2)挫折的经历也会导致狭隘心理的形成。有些人在与别人交往中总是失败，得到的全是消极的反馈，这就挫伤了他们的锐气，而且这些人往往在挫折之后，不去正确分析失败的真正原因，片面地认为是别人妨碍了自己的成功，从而心生怨气，甚至萌发强烈的报复心理。

(3) 自私自利是狭隘产生的又一直接原因。狭隘的人往往自私、偏执，以自我为中心，他们终日追求个人私利，认为他人、社会都应该为他而存在，为他服务，一旦自己的贪欲得不到满足，就进行疯狂的破坏。

心胸狭隘的坏毛病一旦养成，不仅会危害到自身，而且还会对他人、对社会产生危害。

心胸狭隘的人由于思想修养和道德水平低，往往傲慢专横、飞扬跋扈。他们容不得别人侵犯自己一丝一毫的利益，也容不得别人冒犯自己一丝一毫的尊严。一旦别人没能满足自己的虚荣心，不受自己的摆布，就会迁怒于人。

狭隘的人总是自觉或不自觉地怀着怨恨之心，不停地感受着或回味着生命中的伤害与屈辱，生活的不如意和人生的痛苦、不满、抱怨，甚至怒气冲天，厌恶敌视他人和周围的一切。处处与人作对，经常处于精神崩溃的边缘，终日与多疑、惊恐做伴。一辈子都生活在嫉恨之中，一辈子都对某个人或某件事怀着强烈的不满。

他们习惯于拿自己的短处与别人的长处相比，结果当然是越比越泄气，越比对别人越充满嫉恨。而这种自我损害的倾向又会使其不相信自己的力量，抑制了自我能力的正常发挥，分散了精力，结果造成失败。而失败又恰恰验证了他们的自我认识和期望，从而使狭隘情绪越来越重，对他人的敌视也越来越重，对社会的危害也越来越重。

狭隘不仅与自私相伴相生，而且狭隘心理常常对人的行为起负面作用，让人急躁、易怒、冲动，理智控制力下降，甚至会做出一些极端行为。狭隘的人遇事往往把责任推到别人身上，不仅不敢自己负责，更不愿反思自己的问题，于是在事情失败时，经常不计后果地伤害别人，甚至株连无辜。

做一个心胸开阔的人

心胸狭隘的人不仅害人，而且害己。要想获得成功，就必须克服心胸狭隘的毛病，做一个心胸开阔的人。那么，如何才能做一个心胸开阔的人呢？

心胸开阔的人，目光远大，大事谨慎，小事糊涂，不为琐事烦恼。只有当一个人心胸开阔的时候，他才会健康地发展。人无论何时都需要有包容一切的胸襟，在日常生活中，更应达观与超然，正所谓：心无芥蒂，天地自宽。想要成就大事的人，应该把眼光放得长远一些，高屋建瓴，不要拘泥于日常生活中的烦琐小事之中。

宽容须有一个豁达的胸襟和恢宏的气度，既能收容他人的兴奋，又能欣赏他人的成绩；既能接受优秀的、温馨的、赏心悦目的，又能兼收苦闷的、麻烦的、压抑的和丑陋的。被别人宽容是一种幸福，能够宽容别人则是更大的幸福。

其实很多时候，容纳别人，就是宽待自己，严于律己，善待他人，可以减少许多麻烦。

宽容的基础是对人的信任和爱，相信别人有求善的愿望，要有团结和谐为重的博大胸怀，要能以德报怨，不念旧恶。昨天的敌人在明天就有可能成为朋友。

做一个心胸开阔的人吧！他将有助于你走向成功。

 # 跨越自私虚荣的障碍

认识自私心理

自私是一种较为普遍的病态心理现象。"自私"指的是只顾自己的利益，不顾他人、集体、国家和社会的利益，常有自私自利、损人利己、损公肥私等说法。自私有程度上的不同，轻微一点的是计较个人得失、有私心杂念、不讲公德；严重的则表现为为了达到个人目的，侵吞公款，诬陷他人，甚至抢劫，铤而走险，杀人抢劫。

自私之心是万恶之源，贪婪、嫉妒、报复、吝啬、虚荣等病态心理从根本上讲都是自私的表现。

自私是一种近似本能的欲望，处于一个人的心灵深处。人有许多需求，如生理的需求、物质的需求、精神的需求等，需求是人的行为的原始推动力，人的许多行为就是为了满足需求。但是，需求要受到社会规范、道德伦理、法律法令的制约，不顾社会历史条件的需求，一味想满足自己的各种私欲的人就是具有自私心理的人。自私之心隐藏在个人的需求结构之中，是深层次的心理活动。

正因为自私心理潜藏较深，它的存在与表现便常常不为个人所意识到。有自私行为的人可能并非已经意识到他在干一种自私的事，相反他在侵占别人利益时往往心安理得。也正因为如此，我们才将自私称为病态心理。

自私心理的病因可从客观与主观两个方面来分析。从客观方面看，由于各种复杂的原因，目前我国各项资源的数量、种类、方式在占有和配置方面都存在着许多不平衡不合理之处，对资源分配的权力，行业、部门垄断还比较严重。于是，缺乏资源的一方不得不用非正当的方式去交换。由此，一方面以权谋私，另一方面以钱谋私，搞权钱交易、权色交易，相互交换。

从主观方面看，个人的需求若是脱离社会规范的不合理的需求，人就可能倾向于自私。自私自利的人往往是敏感性极高、以自我为中心、对社会对他人极度依赖与索取，而不具备社会价值取向（对他人与社会缺乏责任感）的人。

凡自私的人，都有这样的病态心理，即"人不为己，天诛地灭"、"宁肯我负天下人，不愿天下人负我"、"公家的事小，自己的事大"、"有权不用，过期作废"，这些心态逐渐演变就成了一种流行的畸形心态。

由于社会制约机制尚不健全，某些自私自利的人确实能从中捞到了某些好处。然而，自私导致极端的个人主义，导致社会丑恶现象的出现，它使得社会风气败坏，是违法违纪的根源，所以，必须克服这种病态心理。

爱慕虚荣危害多

生活中有些人因面子问题而变得虚荣，也因此为日后埋下了隐患和祸根。很多时候我们似乎不太谴责虚荣，仿佛人人爱慕虚荣，无须谴责，事实上，许多悲剧和社会问题皆源于此。

现在许多人都追求漂亮的外表，"爱美之心，人皆有之"，无可厚非。然而，当前却流行一种"整容"时尚。

据说有一位女青年为了见面时让男友大吃一惊，便跑到整容院做腮红。可是，她原本想要的是"白里透红，与众不同"的效果，谁知手术做完后，她发现这些腮红的面积很大，跟羞红了脸没多少区别。但若想去除，却已不可能了。

试问，这难道不是虚荣造成的悲剧吗？

更可悲的是，一些还未踏入社会的青年学生，由于爱慕虚荣，都十分注重衣服首饰以及哥们儿间的吃喝玩乐，但家里又不给钱任其挥霍，于是便开始了小偷小摸，偷父母的、同学的、老师的，有的甚至走上抢劫的邪恶之路。

我们可以看出，虚荣心一旦形成，便会结合诸多不良的心态、习惯和行为，使人们只看到眼前的，而离成功愈来愈远。

当你虚荣时，你会变得自负，你会错误地以为自己的能力很强。可是你应该明白，你比你装扮的要低劣、差劲得多。你私下常常窘迫不已，但你还是拼命想出尽风头，当然最终将什么也得不到。一旦真相大白，你只会无地自容，厌恶自己，失去信心，放弃使自己变得更有价值的机会。到头来虚荣带给你的只能是失败。

你应该了解：你是在玩一种令人沮丧的游戏，进行一场注定要失败的竞争，你将变成一个固执己见的小小的独裁者，你将处处碰壁，神经紧张，夜不成寝。

戒除虚荣心是有方法可循的，只要你平心静气地观察一下自己，不要只盯着成功，先成为自己的良友，然后再成为别人的良友。对任何人都坦诚相待，这样，你便于无形之中远离了虚荣。

走出自私

完全不自私只是一种理想：我们总是在做我们内心想做的事情。从这个角度说，每个人都是自私的，但自私并不都那么可怕，可怕的是私欲太盛，利令智昏，时时处处以自己为中心，以损公肥私和损人利己为乐事，一切围着自己想问题，一切围着自己办事情，在满足其一己之私的过程中，不惜损害公益事业，不惜妨害他人利益。这样的人谁不怕？怕的时间长了，也就如同瘟疫一样，人们避之唯恐不及；怕的人多了，也就如过街老鼠一样，人人见之喊打。这样的人即便是比别人多捞取了一些利益，也不会获得真正意义上的幸福。如果说，他们也侈谈什么成功，充其量不过是鸡鸣狗盗的成功，没有任何值得骄傲和自豪的。

英国有句谚语说得好："点燃别人的房子，煮熟自己的鸡蛋。"这句话形象地揭示了那些妨害他人利益的自私行为。

自私者损人肥己式的小聪明，是一种卑鄙的聪明，是那种打洞钻空了房屋，而在房屋倒塌前迅速迁居的"老鼠式的聪明"；是那种欺骗熊为它挖洞，洞一挖成便把熊赶走的"狐狸式的聪明"；是那种在即将吞食猎物时，却假装慈悲流泪的"鳄鱼式的聪明"。

诚然，在无垠的时间和空间里，每个人都处在一个独一无二的点上，而每一个人又都是一个完整的世界。关心自我，发展自我，实现自我，是每个人的追求，这没有什么不合理，也没有什么值得非议的。为此，社会才能充满勃勃生机，充满欢歌笑语。

然而，当自私自利者以"人不为己，天诛地灭"来为自己的自私行为进行辩护的时候，便是极其荒谬的。他的所谓"为己"是指为了自己而不顾别人，为了自己的利益而损害公共利益和他人利益。二者的本质区别就在这里。

前者的关心自我、发展自我和实现自我，绝不是以损害他人为前提的，相反，前者的最终目的和实际的人生效果应该是为人、为大众的，他们所追求的是"人人为我，我为人人"这样一种良好的人际关系模式。而极端自私自利者的前提则是损公损人，奉行所谓"人人为自己，上帝为大家"这个荒谬的理论。

如果你是以损害公共利益或他人利益为前提而发展自己，实现自己，那么你就站到了自私者的行列。如果你不愿把自己贬落到普通动物的层次，不愿丢掉人的尊严，不愿缺少人的概念的任何一项内容，那你就必须尊重社会的公共道德，遵守文化的规范。也许要你做到"毫不利己，专门利人"太空洞抽象，不合实际。但是，每一个人，不论生活在什么环境里，都要讲究公共道德，以公众利益、大众利益为上。

现代社会奉行人人相爱，大家互助，而不是人人搞鬼，互相损害。人人相爱，大家互助的社会是一个理想的美好的社会。人人搞鬼，互相损害的社会是一个不可思议的混乱的社会。这个社会不可能长久存在。皮之不存，毛将焉附？一个社会混乱不堪，哪会有个人的安宁幸福呢？

英国大哲学家培根从政治高度谈到了自私的危害性：

一个人如果把他的私利，作为他行动的中心，是很不好的，对一切事物都拿自己做标准是一件极坏的事，因为无论何事若经过这样的一个人的手里，他一定会把那些事为自己的私利而扭曲的；而这种行为一定常常是与他的君主或国家的利益违背的。先顾臣仆之利，后及君主之利，这已经是很不合适的；然而有时竟以臣之小利而不顾君主之大利，这就是为害最大了。这种情形即是不良的官员、财吏、使节与将帅以及其他的奸臣污吏之所为。

私欲过盛之人，没人愿与之共事，因而永远难成大器。世间小人，个个蝇营狗苟，皆私欲所惑也；而世间君子，皆坦坦荡荡，能克己私欲而走向成功。

摆脱虚荣

虚荣心是人生普遍存在的心理现象，人有一点点虚荣心，无可非议，人之生而为人，总是希望得到别人的认可。但如果虚荣过了头，那就会成为阻碍成功的心理缺陷。

虚荣的魔墙阻隔着我们与成功握手，虚荣心过强的人，很容易被赞美之词迷惑，甚至不能自持，走向了一个虚幻的世界。爱慕虚荣就是太渴望别人的认可，即使明知别人是奉承他还愿意洗耳恭听，甚至还会不惜以欺骗、撒谎来获得赞美之词。

那么如何才能摆脱虚荣心，我们怎样才能摆脱虚荣呢？

让我们先审视一下人爱慕虚荣的原因吧，这将有助于你想出一些办法，消除虚荣心的心理。下面列举出的都是人们坚持虚荣的一些常见原因，其中大都是表面性的"好处"，它将人引入误区。

(1) 将支配自己情感的责任交付于他人。如果你情绪不佳（消沉、痛苦、抑郁等）是由于别人不赞许你而造成的，那么不应由他们，而是应由你来对你自己的情绪负责。如果由于他们没有给你赞许而导致你情绪不佳，那么要你做出改变是不可能的，因为你情绪不佳是他们造成的，也是他们的过错。这样，他们使你不能改变自己的情绪，因而寻求赞许使你免于做出改变。而这样做的结果是降低你的自我形象，促使你产生自我怜悯，以至无所作为。相反，如果你不需要获得赞许，那么你在得不到赞许时就不会自我怜悯了。

(2) 你自认为你所奉为尊者的人对你印象都不错，因而很是得意。但只要别人比你显得更为重要，你的内心就会十分不如意。从别人对你的注意中求得慰藉，这也是一种不成熟的表现。

实际上，当别人在恭维你的时候，出于真心的是少数，即使出于真心，有时也是不假思索地随便说了几句，更不用说出于某种目的的违心的恭维了。只有摆脱虚荣心，你才能分清哪些是真心话，哪些只是恭维罢了。

第六部
人性的优点

提炼自《人性的优点》（〔美〕戴尔·卡耐基著）

【关于本书】

本书作者戴尔·卡耐基是20世纪最伟大的成功学大师，他的代表作有《人性的优点》、《人性的弱点》、《语言的突破》等，这些书出版之后，立即风靡全球，先后被译成几十种语言，被誉为"人类出版史上的奇迹"。

【点亮心灯】

1. 忧虑是人类的凶猛之敌，它容易引发溃疡、心脏病、高血压等疾病，危害人体健康。永远不要对敌人心存侥幸，我们要坚决地消灭它。

——《人性的优点》

2. 忧虑像一把摇椅，它可以使你有事做，但却不能使你前进一步。

—— 席勒

认识忧虑的面目

忧虑是健康的大敌

对于跋涉在成功道路上的人来说，成功的每一步都要付出艰辛，相伴而来的是焦躁和忧虑，这些不良的情绪是不可避免的。但是，如果长期生活在忧虑和紧张之中，这样的人的心理状况是极为混乱的，渐渐会形成一种思维定式，这种思维定式会直接影响我们的精神和行为，并且会造成极其不良的后果。

在谈到忧虑对人的影响时，一位医生说，有70%的人只要能够消除他们的恐惧和忧虑，病就会自然好起来。这些病都是常见病，比如胃溃疡，恐惧使你忧虑，忧虑使你紧张，并影响到你胃部的神经，使胃里的胃液由正常变为不正常，因此就容易产生胃溃疡。

忧虑也容易导致神经和精神问题。一半以上的患有神经病的人，在强力的显微镜下，以最现代的方法来检查他们的神经时，却发现大部分人都非常健康。他们"神经上的毛病"都不是因为神经本身有什么异常的地方，而是因为悲观、烦躁、焦急、忧虑、恐惧、挫败、颓丧等情绪造成的。

随着现代医学的进步，已经大量消除了那些可怕的、由细菌所引起的疾病。可是，医学界还不能治疗精神和身体上那些不是由细菌所引起，而是由于情绪上的忧虑、恐惧、憎恨、烦躁，以及绝望所引起的病症。这种情绪性疾病所引起的灾难正日渐增加，日渐广泛，而且速度快得惊人。精神失常的原因何在？没有人知道全部的答案。可是在大多数情况下，极可能是由恐惧和忧虑造成的。焦虑和烦躁不安的人，多半不能适应现实生活，而跟周围的环境隔断了所有的关系，缩到自己的梦想世界，以此解决他所忧虑的问题。

忧虑还容易导致关节炎和其他疾病。康奈尔大学医学院的罗素·塞西尔博士是世界知名的治疗关节炎的权威，他列举了4种最容易得关节炎的情况：婚姻破裂、财务上的不幸和难关、寂寞和忧虑、长期的愤怒。

应用心理学之父威廉·詹姆斯教授曾经告诉他的学生说："要愿意承担并接受既成事实的事情，这就是克服随之而来的任何不幸的第一步。"林语堂先生在他的《生活的艺术》里也谈到了同样的概念："能接受最坏的情况，在心理上就能让你发挥出新的能力。"

当我们接受了最坏的情况之后，就不会再损失什么，这也就是说，一切都可以寻找回来。

可是现实中还有成千上万的人因为忧虑而毁掉自己的生活。因为他们拒绝接受最坏的情况，不肯由此做改进，不愿在灾难中尽可能抢救出一点东西，他们不但不愿意重新构筑自己的财富，还沉浸于过去失败的记忆中不能自拔。终于，使自己成了忧虑情绪的牺牲者，他们摧毁了奠定成功的最后一块基石——健康。

人生要有接受最坏情况的心理准备，用恬淡的心情迎接每一个日出、日落，这才是生命的真谛。

在战胜忧虑方面，世界石油巨子——约翰·洛克菲勒做得非常出色。

洛克菲勒在他33岁那年赚到了他的第一个100万。到了43岁，他建立了一个世界最庞大的垄断企业——美国标准石油公司。

那么，53岁时他又成就了什么呢？

不幸的是，53岁时，他却成了忧虑的俘虏。充满忧虑及压力的生活摧毁了他的健康，他的传记作者温格勒说，他在53岁时，看起来就像个僵硬的木乃伊。

洛克菲勒53岁时，因为莫名的消化系统疾病，头发不断脱落，甚至连睫毛也无法幸免，最后只剩下几根稀疏的眉毛。

温格勒说："他的情况极为恶劣，有一阵子他只得以酸奶为主食。"医生们诊断他患了一种神经性脱毛病，后来，他不得不戴一顶扁帽。不久以后，他定做了一个500美金的假发，从此，假发一生都没有被脱下来过。

洛克菲勒原来体魄强健，他是在农庄长大的，有宽阔的肩膀，迈着有力的步伐。

可是，在多数人的巅峰岁月——53岁时，他却肩膀下垂、步履蹒跚。

另一位传记作者说："当照镜子时，他看到的是一位老人。无休止地工作、操劳、体力透支、整晚失眠、运动和休息的缺乏，终于让他付出了惨重的代价。"

他是世界上最富有的人，却只能靠简单饮食为主。他每周收入高达几万美金——可是他一个星期能吃得下的食物却要不了两元钱。医生只允许他喝酸奶，吃几片苏打饼干。他的皮肤毫无血色，那只是包在骨头上的一层皮。他只能用钱来进行最好的医疗，使他不至于53岁就去世。

后来，医生告诉他一个惊人的事实，他或者选择财富与忧虑，或者他的生命。他们警告他：再不退休，只能死路一条。

他终于退休了，可惜退休前，忧虑已经摧毁了他的身体。

当全美著名的女作家艾达·塔贝尔见到他时，大吃一惊，她写道："他的脸上饱经忧患，他是我见过的最老的人。"

老？怎么会呢？

洛克菲勒比麦克阿瑟反攻菲律宾时，还要年轻几岁呢！可是他的身体状况极差，以致艾达·塔贝尔感到他太可怜了，当时她正着手写一篇讨伐标准石油公司的文章，她没有任何理由同情这位一手建立起这个"八爪鱼"的首脑。然而，当她看见洛克菲勒在教堂主日，急切地渴求他人同情的目光时，她说："我心中涌起一种从未有过的感觉，而且那种感觉十分强烈，那就是我为他难过，我了解孤独和恐惧的滋味。"

医生竭尽全力挽救洛克菲勒的生命，他们要他遵守3项原则——这3项原则，终其一生，他都牢牢记住。这3项原则如下。

(1) 避免忧虑，绝不要在任何情况下为任何事烦恼。

(2) 放轻松，多从事缓慢的运动。

(3) 注意饮食，每顿只吃七分饱。

洛克菲勒严格遵守这些原则，终于战胜了忧虑，因此他捡回一条命，并且还得以长寿，他去世时已经是98岁的高龄了。

警惕忧虑的侵蚀

忧虑，是人在面临不利环境和条件时所产生的一种情绪抑制。它是一种沉重的精神压力，使人精神沮丧，身心疲惫。那些忧心忡忡的人，整日愁眉苦脸，唉声叹气，一副暮气沉沉的样子。他们对什么都提不起兴趣，生活成了一种苦刑。正如高尔基说的，忧虑像磨盘似的，把生活中美好的、光明的一切和生活的幻想所赋予的一切，都碾成枯燥、单调而又刺鼻的烟。

忧虑的人是无法专注于工作的。忧虑也使人神思恍惚，反应减慢，智力水平下降。整天为不如意的事忧虑伤神，大脑长期处于低潮状态，工作、劳动自然不会取得成果。忧虑也会使人生病，中医早就指出"忧者伤神"。长期心绪不佳，胃口必然不好，体质必然虚弱。严重的忧虑症，还可能引发轻生。

忧虑的人常常会有这样一些心态。

(1) 逃避问题。由于问题难以解决而干脆采取回避态度，但事实上问题依然存在，自己只是在表面上逃避，内心深处还是放不下，难题成为心头的沉重包袱。

(2) 对问题过分执着，将其看得过于严重。这实际上是在给自己增加不必要的精神压力。

(3) 不敢正视自己的内心，自我封闭。所谓"烦着呢，别理我"，就是这样一种心态的反映。

无论是逃避问题还是对问题过分执着，实际上只可能有两种情况。一种是，问题并不像我们所想的那么糟，至少没有到无可挽回的地步。只要采取积极正确的态度，问题就会得到解决。这样，我们也就没有什么可忧虑的了。另一种情况是，问题的确是超出了我们的能力所能解决的范围。对这种情况，我们就需要乐观一些，就像杨柳承受风雨一样，我们也要承受不可避免的事实。哲学家威廉·詹姆士说："要乐于承认事情就是这样的情况。能够接受发生的事实，就是能克服随之而来的任何不幸的第一步。"美国克莱斯勒公司的总经理凯勒说："要是我碰到很棘手的情况，只要想得出办法能解决的，我就去做。要是干不成的，我就干脆把它忘了。我从来不为未来担心，因为，没有人能够知道未来会发生什么事情，影响未来的因素太多了，也没有人能说清这些影响都从何而来，所以，何必为它们担心呢？"

忧虑就像无处不在的病菌，它时刻准备着侵入你的体内。因此，我们必须对它提高警惕。

的确，生活中我们会遇到许多次退潮，忧虑会成为生命中一时难以承受之重。

要祛除这沉重，达观安然的哲学态度是一剂良方。另一剂良方就是行动，行动可以有效地转移你的注意力。因此有人在烦恼忧虑时，会去拳击馆或足球场拼命运动。行动会使你找回自信和力量，行动也会直接产生实际成果，从而更加鼓舞你。

改掉忧虑的习惯

不要为小事而烦恼

人活在世界上只有短短几十年，却花费很多时间去忧虑一些一年内就会被忘了的小事。这实在是对生命的一种浪费。

芝加哥的约瑟夫·萨伯斯法官在仲裁过4万多件不愉快的婚姻案件之后说道：婚姻生活之所以不美满，最基本的原因通常都是一些小事情。

而纽约郡的地方检察官弗兰克·霍根也说："我们处理的刑事案件里，有一半以上都起因于一些很小的事情：在酒吧里逞英雄，为一些小事争吵，讲话侮辱别人，措辞不当，行为粗鲁——就是这些小事情，结果引起了伤害和谋杀。很少有人真正天性残忍，一些犯了大错的人，都是因自尊心受到小小的损害和屈辱，虚荣心不能满足，结果造成世界上半数的伤心事。"

罗斯福夫人刚结婚的时候，她忧虑了好多天，因为她的新厨子做饭做得很差。

罗斯福夫人说："如果事情发生在现在，我就会耸耸肩膀把这事给忘了。"这才是一个成年人的做法。

在多数的时间里，要想克服被一些小事所引起的困扰，只要把看法和重点转移一下就可以了。美国作家荷马·克罗伊为我们举了一个很好的例子：以前他写作的时候，常常被纽约公寓热水灯的响声吵得快发疯。蒸气会砰然作响。然后又是一阵吱吱的声音——而他会坐在他的书桌前气得直叫。

后来，有一次克罗伊和几个朋友一起出去露营，当他听到木柴烧得很响时，他突然想道：这声音多么像热水灯的响声，为什么自己会喜欢这个声音，而讨厌那个声音呢？

克罗伊回到家以后，跟自己说："火堆里木头的爆裂声，是一种很好听的声音，热水灯的声音也差不多，我该埋头大睡，不去理会这些噪音。"结果他果然做到了：头几天他还会注意到热水灯的声音，可是不久就把它们整个都忘了。

很多其他的小忧虑也是一样，我们不喜欢那些，结果弄得整个人很颓丧，只不过因为我们夸大了那些小事的影响力。

让忧虑到此为止

19世纪的美国著名作家梭罗曾说过："一件事物的代价，也就是我称之为生活的总值，需要当场或长时期内进行交换。"

换个方式来说，如果我们以生活的一部分来付出代价，而付出得太多了的话，我们就是傻子。这也正是美国作家吉尔伯特和作曲家苏利文的悲哀：他们原先是一对很好的搭档，他们知道如何创作出快乐的歌词和歌谱，可是完全不知道如何在生活中寻找快乐。他们写过很多令世人非常喜欢的轻歌剧，可是他们却没有办法控制自己的脾气。他们仅因为一块地毯的价钱而争吵多年。

苏利文为他们的剧院买了一块新的地毯,当吉尔伯特看到账单有差错时,大为恼火。这件事甚至闹至公堂,从此两个人至死都没有再交谈过。苏利文替新歌剧写完曲子之后,就把它寄给吉尔伯特,而吉尔伯特填上歌词之后,再把它们寄回给苏利文。有一次,他们一定要一起到台上谢幕,于是他们站在舞台的两边,分别向不同的方向鞠躬,这样才可以不必看见对方。他们就不懂得应该在彼此的不快里订下一个"到此为止"的最低限度,而林肯却做到了这一点。

有一次,在美国南北战争中,林肯的几位朋友攻击他的一些敌人,林肯说:"你们对私人恩怨的感觉比我要多,也许我这种感觉太少了吧;可是我向来以为这样很不值得。一个人实在没有时间把他的半辈子都花在争吵上,要是那个人不再攻击我,我就再也不会记他的仇。"

戴尔·卡耐基告诫人们,要在忧虑毁了你之前,先改掉忧虑的习惯。他为人们列出了以下几条规则。

(1)让自己不停地忙着,忧虑的人一定要让自己沉浸在工作里,否则只能在绝望中挣扎。

(2)不要让自己因为一些应该丢开和忘记的小事而烦心,要记住:"生命太短促了,不要再为小事烦恼。"

(3)让我们看看以前的记录,问问自己,我现在担心会发生的事情,可能发生的机会如何?

(4)适应不可避免的情况。

(5)任何时候,我们无法确定准备购买的东西是否能解决生活中的问题时,让我们先停下来,用下面的问题问问自己。

我现在正在担心的问题,到底和我自己有什么样的关系?

在这件令我忧虑的事情上,我应该在什么地方放下"到此为止"的最低限度——然后把它整个忘掉?

我到底应该为这个东西付多少钱?我所付出的是不是已经超过了它的价值呢?

超越忧虑的界线

别让忧虑攫取你的心

能满脸笑容地面对烦心事的人，要大大强于那些一旦身处逆境便一蹶不振的人。那些能笑对逆境的人向世人表明，他是由能赢得胜利的材料构成的，因为没有哪个凡人能成功地做到这一点。

真是奇怪，许多人居然能够处之泰然地对待"忧虑"。无论"忧虑"什么时候"光临"他们，他们都会热烈欢迎。他们到处谈论自己的悲伤和不幸，一遍又一遍地描述自己痛苦的情形，他们喋喋不休地谈论自己的贫困以及一切骇人听闻的琐碎细节，他们对每个人说，自己的命运是多么的不幸。他们似乎还喜欢错误地分析自己人生之所以痛苦，进步之所以受阻的原因。因而，他们总是在不经意间将这些思想的烙印深深地打在自己的性格上。

造物主把我们置于这个美丽的星球，意在使我们高兴、快乐，而非要我们悲伤、忧虑，整日愁眉苦脸、牢骚满腹，也并非要我们互相散布、兜售悲伤与痛苦。

戴尔·卡耐基曾说过："一副快乐、聪明的面孔，乃是文化修养的最高境界。"偶尔，我们会一眼瞥见这样一副面孔，这样的面孔有一种人世间都不曾有的光芒，这样的面孔使人确信，它的主人在沉思某种神圣的事情。这副面孔是如此的安详、平和，是如此快乐，以致我们都感到自己已经洞悉了"最神圣的东西"。但是，与那些悲伤、忧虑面孔的数量相比，这样的面孔又是多么的稀少啊。

看到一个生龙活虎、精力充沛，甚至本可以取得伟大成就的人，因为心灵的阴影而变成了一个畏畏缩缩、卑贱可耻的奴隶，这难道不令人感伤吗？设想一下，一个本可以领导拥有成千上万人的大型企业的人，一个天生就可以成就伟业的人，却成了一个整天无所事事的人、一个被"忧虑"

心魔支配的人，这是多么令人痛心的啊！

我们到处都能看到一些原本雄心勃勃的人从事着极其平凡的工作，这仅仅是因为大多时候他们并没有感到快乐、舒心，或者说大多时候他们都感到沮丧或郁闷。

别让忧虑攫取你的心，一定要时刻准备着超越忧虑的界线，否则你将成为人生的败者。

微笑是对付忧虑的王牌

微笑可以说是对付忧虑的王牌，它能使疲劳者得到休息，能使沮丧者看到光明，能给悲伤的人带来希望。

微笑表示的是"你好"、"我喜欢你"、"你使我感到愉快"、"我非常高兴见到你"。这里所说的是那种真正的笑，发自内心，给人以温暖的微笑。这种微笑才有价值。

请细读美国励志学大师艾勃·哈巴德的这段忠告——但记住，细读对你无济于事，除非你把它应用起来：

"每当你出门的时候，应该缩起下巴，把头抬得高高的，让肺充满空气；沐浴在阳光中，用微笑来招呼朋友们，每次握手都使出力量。不要担心被误解；不要浪费一分钟去想你的敌人。试着在心里肯定你所喜欢做的是什么，然后在明确的方向之下，你会径直去实现目标。心里想着你所喜欢做的那些有意义的事情，当岁月消逝的时候，你会发现自己无意识地掌握了实现你的希望所需要的机会，正像珊瑚虫从潮水汲取所需的物质一样。在心中想象着那个你希望成为的诚实的、智慧的、能干的人，而这种想法，会使你每时每刻都在向那个理想的人转化，思想是至高无上的。保持一种正确的人生观——勇敢、坦白和愉快。思想正确就等于创造。一切事物来自希望；而每一个诚挚的祈祷，都会实现。我们心里想什么，就会变成什么。把下巴缩起来，把头部高高昂起，我们是明天的上帝。"

如果你不善于微笑，那么，请注意两点：第一，强迫自己微笑。如果你是单独一个人，强迫自己吹口哨，或哼一支小曲，表现出你似乎很愉快，这就容易使你愉快。按照已故的哈佛大学威廉·詹姆斯教授的说法——"行动似乎是跟随在感觉后面的，但实际上行动和感觉是几乎平行的。而控制行动就能控制感觉。因此，如果我们不愉快的话，要使自己愉快起来的积极方式是：愉快地行动起来，而且言行都好像是已经愉快起来。"

下面是一则题名为《微笑在圣诞节的价值》的广告全文：

它不花费什么，但创造了很多成果。

它使接受它的人满足，而又不会使给予它的人贫乏。

它在一刹那间发生，却会给人永远的记忆。

没有人富得不需要它，也没有人穷得不拥有它。

它为家庭创造了快乐，在商业界建立了好感，并使得朋友间感到了亲切。

但它却无处可买，无处可求，无处可偷，因为在你给予别人之前，它没有实用价值。

假如在圣诞节最后一分钟的匆忙购物中，我们的店员累得无法给予你一个微笑时，我们能请你留下一个微笑吗？

因为，不能给予别人微笑的人，最需要别人的微笑了。

是的，微笑可以帮你超越忧虑的界线，你应该早日得到微笑这张王牌才行。

克服忧虑的方法

亚里士多德教给我们的方法

当你面对忧虑的时候，应该怎么办呢？

古希腊伟大的哲学家亚里士多德曾教给我们 3 个分析问题的基本步骤。

（1）弄清事实。

（2）分析事实。

（3）达成决定——然后依决定行事。

如果我们按照以上步骤去分析忧虑，解决忧虑，那么我们就一定能够战胜忧虑。

我们先来看看第一步：弄清事实。弄清事实为什么如此重要呢？因为如果我们不把事实弄清楚，就不能很明智地解决问题。没有这些事实，我们就只能在混乱中摸索。这一方法是已故的哥伦比亚大学哥伦比亚学院院长赫伯特·郝基斯所说的。他曾经帮助过 20 多万个学生解决有关忧虑的问题。他说，世界上的忧虑，一大半是因为人们没有足够的知识来作决定而产生的。

并且，他还向人们宣布："我想我可以老实说，我现在的生活完全没有忧虑。我发现，如果一个人能够把他所有的时间都花在以一种十分超然、客观的态度去找寻事实的话，他的忧虑就会在知识的光芒下消失得无影无踪。"

可是我们大多数人怎么做呢？如果考虑事实，我们通常也只会像猎狗那样，去追寻那些我们已经想到的，而忽略其他的一切。我们只需要那些能够适合于行动的事实——符合于我们的如意算盘，符合于我们原有偏见的事实。

难怪我们会觉得，要得到问题的答案是如此困难，如果我们一直假定"二加二等于五"，那不是连做一个小学二年级的算术题目都会有问题吗？可事实上，世界上就有很多很多的人硬是坚持说"二加二等于五"——或者是等于五百——弄得自己跟别人的日子都很不好过。

关于这一点，我们能怎么办呢？我们得把感情排除于思想之外，就像郝基斯院长所说的，以一种"超然、客观"的态度去弄清事实。

不过，即使把全世界所有的事实都搜集起来，如果不加以分析和诠释，对我们也没有丝毫好处。

实践经验证明，先把所有的事实写下来，再做分析，事情会容易得多。事实上，仅仅在纸上记下很多事实，把我们的问题明明白白地写出来，就可能有助于我们得出一个很合理的答案。正如美国发明家查尔斯·凯特林所说的：“只要能把问题讲清楚，问题就已经解决了一半。”

我们在分析问题时，可以向自己提出以下几个问题：我担忧的是什么？我能怎么办？我决定怎么做？我什么时候开始做？

在分析完问题后，还要采取行动，否则忧虑不会自动消失。

美国心理学之父威廉·詹姆斯说：“一旦做出决定，当天就要付诸行动，同时要完全不理会责任问题，也不必关心后果。”

他的意思是——一旦你以事实为基础，做出了一个很小心的决定，就要付诸实行，不要停下来重新考虑，不要迟疑、担忧和犹豫，不要怀疑自己，否则会引起其他的怀疑，不要一直回头看。

一位俄克拉荷马州最成功的石油商人韦特·菲利浦，向我们讲述了他是如何把决心付诸行动的，他说：“我发现，如果超过某种限度之后，还一直不停地去思考问题的话，一定会造成混乱和忧虑。当调查和多加思考对我们有害的时候，也就是我们该下决心、付诸行动、不再回头的时候了。”

卡耐基教给我们的方法

美国著名的成功学大师戴尔·卡耐基，可以称得上是研究忧虑的专家。他在他的著作《人性的优点》和《人性的弱点》里都曾提到克服忧虑的方法，他所提到的方法可以总结为以下 15 点。

(1) 学会自我激励。

(2) 学会自我嘲笑。

(3) 活在今天，不要为明天担忧。

(4) 保持活力，保持身体的忙碌。

(5) 把你的忧虑写下来，然后束之高阁，或放到平时不去的地方，将其遗忘。

(6) 学会祈祷，接受最坏的状况。

(7) 立即遗忘，就地解决，不把忧虑带走。

(8) 与积极交友，远离消极。

(9) 寻找生命的绿灯。

(10) 不为金钱而活着，真诚付出，获得心灵安宁。

(11) 放慢生活节奏，活得从容一些。

(12) 面对现实，采取实际行动。

(13) 用"德智代数法"迅速作出决定，免除烦恼。

(14) 阅读并回忆苦难的历史，寻找自信心。

(15) 从追求小小的成功做起，这也是克服忧虑见效最快的一种方法。

为了让你更好地理解这15个方法，在这里还要做以下两点解释。

(1) 什么是"生命的绿灯"？

请看曾经被认为是"职业"忧虑者的约瑟夫·卡特的一段自述：

那是1945年5月31日早晨7点钟，在西北铁路公司的站台上发生的事。

那对我真是关键时刻，也难怪我如此难忘。

我送朋友去坐火车，他们度完假准备坐火车回家，当时仍是战时，因此车站上人潮汹涌。我不想挤到火车上去，因此信步走向火车头。我驻足看着又大又光亮的火车头。接着，我看到一盏巨大的信号灯，亮着黄灯，一瞬间它忽然变成绿色。就在一刹那间，车头启动，铃声大作，我听到熟悉的声音："登车完毕！"几秒钟内，火车就朝着遥远的目的地前进了。

我的脑子转了起来，有些想法灵光一闪，我正经历一个奇迹，就在那一刹那，我想通了。火车司机帮助我找到了答案。那位司机尽管面对漫长的旅程，但他只管面前的这盏绿灯。如果是我的话，我一定把整个旅程的所有绿灯都预见了。难怪我一事无成，因为我总是想象未来所有的麻烦与问题。

我思潮起伏，那位司机并不去担心几米外可能遇到的麻烦，火车说不定会误点、延迟。不过那也正是设立信号系统的原因，不是吗？黄灯表示减速，不用急，红灯则表示前方有危险，应立即停止。好的信号系统就是为了维持火车的行车安全。

我自忖，我何不为自己的人生设立良好的信号系统呢？我知道，我与生俱来就拥有这套系统，既然是上天所赐，系统本身就不应该有问题。我开始寻找绿灯，到哪里去找呢？不过，既然上天创造了红灯系统，干脆就问他好了，那么他一定也创造了绿灯系统。只是需要我们自己去寻找。

（2）"德智代数法"是什么？

这个方法是本杰明·富兰克林提出来的，他在给一位朋友的信中写道：

"当我遇到极难解决的问题时，我的方法是画一条线把一张纸分成两部分，一部分是正面理由，另一部分是反面理由。在接下来的三四天中，如果我想到任何一面的念头，我都立刻把它写下来。之后我在作总结时，就能衡量出二者的轻重，如果我发现两面的某种理由势均力敌时，我就把这2项删除；如果一个赞成的理由抵得上两个反对的理由，我就再把这3个都删除，又如果2个反对的理由抵得上3个赞成的理由，我就再把这5个都删除，最后我就能找到一个结论。再多给自己一两天的考虑时间，发现并无任何因素需要加入，我就依照那个结论做出决定。虽然这种比较法并不能非常精确，但因为已做了个别性与相互性的考虑，有助于令我看清全貌，作出更好的判断，因此我不会草率行事，事实上，我很善于从这种'德智代数法'中得到助益。"

化解忧虑的良药

你是否想得到一个快速而有效的消除忧虑的灵丹妙法——那种在你看完之后，就能马上应用的良药？

那么让我们学学威利斯·卡瑞尔所发明的这个办法吧。卡瑞尔是一个很聪明的工程师，他开创了空气调节器的制造业，现在是位于纽约州塞瑞库斯市的世界闻名的卡瑞尔公司的负责人。卡瑞尔先生曾向我们讲述道：

年轻的时候，我在纽约州巴法罗城的巴法罗铸造公司工作。我必须到密苏里州水晶城的匹兹堡玻璃公司——一座花费好几百万美元建造的工厂去安装一架瓦斯清洁机，以清除瓦斯燃烧的杂质，使瓦斯燃烧时不会伤到引擎。这种瓦斯清洁方法是一种新的尝试，以前只试过一次——而且当时的情况很不相同。我到密苏里州水晶城工作的时候，很多事先没有想到的困难都发生了。经过一番调整之后，机器可以使用了，可是效果并不像我们所保证的那样。

我对自己的失败非常吃惊，觉得好像是有人在我头上重重地打了一拳。我的胃和整个肚子都开始扭痛起来。有好一阵子，我担忧得简直无法入睡。

最后，出于一种常识，我想忧虑并不能够解决问题，于是便想出一个不需要忧虑就可以解决问题的办法，结果非常有效。我这个抵抗忧虑的办法已经使用 30 多年了。这个办法非常简单，任何人都可以使用。这一方法共有 3 个步骤。

第一步，首先毫不恐惧而诚恳地分析整个情况，然后找出万一失败后可能发生的最坏情况是什么。没有人会把我关起来，或者把我枪毙，这一点说得很准。不错，很可能我会丢掉工作，也可能我的老板会把整个机器拆掉，使投下去的 2 万美元泡汤。

第二步，找出可能发生的最坏情况之后，让自己在必要的时候能够接受它。我对自己说，这次失败，在我的记录上会是一个很大的污点，我可能会因此而丢掉工作。但即使真是如此，我还是可以另外找到一份差事。事情可能比这更糟。至于我的那些老板——他们也知道我们现在是在试验一种清除瓦斯的新方法，如果这种实验要花他们 2 万美元，他们还付得起。他们可以把这个账算在研究费上，因为这只是一种实验。

发现可能发生的最坏情况，并让自己能够接受之后，有一件非常重要的事情发生了：我马上轻松下来，感受到几天以来所没有体验过的一份平静。

第三步，从这以后，我就平静地把我的时间和精力，拿来试着改善我在心理上已经接受的那种最坏情况。

我努力找出一些办法，让我减少我们目前面临的 2 万美元的损失。我做了几次实验，最后发现，如果我们再多花 5 000 美元，加装一些设备，我们的问题就可以解决了。我们照这个方法去做，公司不但不会损失 2 万美元，反而可以赚 1.5 万美元。

如果当时我一直担心下去的话，恐怕就不可能做到这一点了。因为忧虑的最大坏处就是摧毁我集中精力的能力。一旦忧虑产生，我们的思想就会到处乱转，从而丧失做出决定的能力。然而，当我们强迫自己面对最坏的情况，并且在精神上先接受它之后，我们就能够衡量所有可能的情形，使我们处在一个可以集中精力解决问题的地位。

我刚才所说的这件事，发生在很多年以前，因为这种做法非常好，我就一直坚持使用。结果呢，我的生活里几乎不再有忧虑了。

看来，忧虑还是有良药可以化解的，因此你不必被忧虑吓倒。

走出忧虑的人生

如果你不能坦然面对忧虑，并处理好这个问题的话，它将最终控制你，使你陷入毫无意义的自怜自怨中，甚至还可能陷入绝望。

如果一直为忧虑所困，但又不知原因所在，那么它就会毁了你的生活。生活中很多人会莫名其妙地感到烦恼，而他们自己并不知道原因何在。事实是他们为担忧而担忧，或者为可能会有的痛苦而担忧。这种体验一直困扰着他们，甚至他们并不真感到忧虑时，也为它担心。

把这些消极的念头抛弃吧！想一想这些忧虑的感情占用了你多少精力，如果这些精力被用在实现积极的、对生命有益的事情上该有多好。

偶尔的担心和自我怀疑是正常的。在找一份新的工作或第一次约会时，一定程度的担心将增加人的警觉性。但如果有人对你说你将有不好的事情发生——你将得不到这份工作或这次约会将是个悲剧——你就会极度紧张，进而发展成为忧虑。一旦忧虑破坏了你的自信，它就会变成一股有麻醉作用的力量。

西格尔患病时，自己开车到市里的皇家马斯顿医院检查。他被安置在一间能容纳4张床的小房间里，睡在靠窗的一张床上。

手术前夜，一个朋友和他的父亲出乎意料地来看望西格尔，接着西格尔的几个家人也来了。但8点钟时只剩下西格尔一个人了。月光倾泻下来，西格尔极力想入睡，但不知为什么，他心事重重，怎么也睡不着。

午夜时分，急救人员送进来一位躺在担架上的男子，并且把他安置在西格尔旁边的床上。那个男子戴着氧气面罩，尽管当时是12月中旬，他却埋怨天气很热。西格尔提议和他换床，让他靠窗子睡，还告诉护士说如果开窗能让他好受一点，自己是不会介意的。护士说，那是不可能的，但那个男子还是向西格尔道了谢。

那个男子大约35岁，脸上有肿块，显然病得很重。他得癌症已经两年了，但好像没办法阻止癌症的扩散。他浑身都是肿块，曾全身换过血，现在他正在进行电磁波疗法——一次最后的尝试。

不久西格尔就被送去手术了，接着在特护病房待了两天半。回到原来那间病房时，那个男子却不见了。西格尔刚能起床就开始寻找。他身上的一些部位插着很多管子，沿着走廊慢慢挪动，看上去就像怪物。西格尔在一间单人病房看到那个男子正坐在一把扶手椅里。他看上去精神很好，他向西格尔笑了笑，以极平常的语气说，医生已经告诉他，他们想不出别的办法帮他了。

屋里有他的妻子、孩子，还有一些朋友和亲戚。他们中的一些人显然很沮丧。

西格尔不知说什么好，就解开自己的睡衣，给他看身上的伤疤："看看他们都对我做了什么，多么吓人。"

然后西格尔相当难堪地沉默了，因为他知道自己的痛苦是无法和对方相比的。

那个男子平静地望着西格尔，说："我希望你的病能治好。我希望你能战胜癌症，因为癌症打垮了我。我希望你能平了这纪录或者打破一项纪录。祝你一切都好。"

"别担心——我会的。"

西格尔离开了房间，非常沮丧，非常难过。只是到了那时他才认识到，他再也不会像以前那样为自己的健康与未来如此担忧了。

我们的忧虑大多来自未来可能发生的事，也就是那些现在还不存在的事。

一旦你为某事困扰，自己帮助自己吧！读书、寻求建议、找朋友倾诉。这是了解困境并克服它的开始，你会把它抛开的，一次是这样，以后永远都能这样。

驱除忧虑最好的方法，就是不要去理会它。因为如果你老是想着这些忧虑，他们就会阴魂不散地萦绕在你的脑海里。许多人一直想着他们不希望发生的事情，但往往这些事情就会发生。

何不把这些你不想发生的事情抛诸九霄云外，而把你的心灵空间，留给那些你希望发生的事呢？

你应该学习使你的心神集中在你想做的事情上。当你的内心浮现出明确的目标时，就是你开始产生信心的时刻。当你培养出信心时，就能够召唤出无穷智慧来帮助你，实现你的明确目标。

只有善于运用信心，加上坚忍不屈的行动和明确的目标，才能走向成功。

我们无法做到一产生忧虑就自行好转或消除，作为一个普通的人，是难以左右这些事情的。

然而，在大多数情况下，我们所担忧的事情往往不如我们所想象的那么可怕和严重，也许想想办法，或者变换一下环境，某些忧虑就变得毫无必要了。

杰克是一位年近50岁的公司职员，他总是担心自己被老板解雇而无法养家糊口。他整日忧心忡忡，因此体重开始下降，经常失眠，之后经常生病。

于是，他找到了一位心理咨询专家，在心理调适过程中，心理专家向他明示，忧虑对改变自己的处境来讲是无济于事的，并指导他如何保持心情舒畅。但杰克是个顽固的忧虑者，他感到自己有义务为每天可能发生的灾难担忧。

几个月以后，他所担忧的事情终于发生了——他被解雇了，而且这是他有生以来第一次失业。然而，不到3天，他又找到了另一份工作，薪水更高，更加能够满足自己的兴趣。他不再忧虑了，而是将时间和精力全部投之工作之中，由于他的努力和敬业，他很快就取得了成功。

因此，你完全没有必要为将来可能发生的事忧虑，你完全有能力走出忧虑人生，只要你能够相信你自己。

第七部

思考与致富

提炼自《思考与致富》（［美］拿破仑·希尔著）

【关于本书】

　　如今，出版了 60 多年的《思考与致富》一书已在全球范围内销售了 2000 多万册。

【点亮心灯】

　　1. 增强思考的能力，并且形成获取宇宙间智慧的能力，就能致富。

——《思考与致富》

　　2. 人们解决世上所有的问题，用的是大脑、能力和智慧，而不是搬书本。

—— 爱因斯坦

寻找你的财富

穷人和富人的差别就是，穷人不善于寻找财富，而富人终生都在孜孜不倦地寻找财富。

穷人之所以贫穷，不是因为所有的财富都被瓜分完毕，这个世界上没有了任何致富的机会。

不错，现在要想进入某些行业确实已经很困难，你可能被拒之门外。但是，东方不亮西方亮，总会有其他的行业带给你机会。

的确，如果你工作了许多年仍然是一个大集团中的一名普通雇员，也许就很难再圆上自己的老板梦了。但是，同样肯定的是，如果你开始按照正确方式做事，就会不再局限于这份工作，相反，你会更加积极地进取，走上适合自己的致富道路。比如，你可以去开一家小店，从事零售经营。身处不断发展的社会中，给从事零售行业的个体经营者提供了非常好的机会，致富并不是一件困难的事情。但你可能会说，我没有资金。请不要用这种消极的想法束缚自己。今天也许是这样，但明天呢？我们已经说过，只要你能够运用好选择的力量，就必定能够得到自己希望的。

人类社会一直在发展，人们的需求也在不断变化。不同阶段、不同时期，机会的浪潮会向不同方向涌动。

如果你能够顺势而为，而不是逆机遇的潮流而动，你就会发现，机会总是无处不在。

没有人会因财富供应短缺而受穷，地球上拥有足够的资源让我们每一个人都能过上富足的生活。

现如今，我们能够看见的供应已经相当富足，我们尚未看见的供应更是取之不竭。所以丝毫不必担忧，没有人会因为大自然资源的匮乏而受穷，也没有人会因为供应的短缺而受穷。

人类作为整体亦符合致富的规律。人类，作为生物界的一个物种，其整体总是越来越富裕；而个体的贫穷，完全是因为他没有努力地去寻找。

生命固有的内在动力总是驱使自身不断追求更加丰富多彩的生活。智慧的天性就是寻求自我的扩张，内在的意识总会寻求充分展示的机会。宇宙并非静止，它是巨大的活体，它不断追求永恒的进化与发展。

大自然正是为生命的进化而形成，亦为生命的丰富多彩而存在的。因此，大自然中蕴藏着生命所需的充足资源。我们相信，自然界的真谛不可能自相矛盾，自然界也不可能使自己业已显现的规律失效。因此，我们更有理由相信，宇宙中资源的供应永远不会短缺。

记住这个事实：谁也不会因大自然的供应短缺而受穷。财富的权力就掌握在你的手中，只要你肯努力地去寻找，终会得到属于你的财富。

脑袋决定财富

哲学家普罗斯特曾说过："真正的发现之旅，不在寻找世界，而是用新视野看世界。"世界瞬息万变。现代人在面对新世纪的挑战时，首先要改变自己的思想观念，与时俱进；不能故步自封、抱残守缺，更不能一成不变、裹足不前。而必须以新思想、新观念、新视野适应世纪的种种变化。

一本杂志的扉页中有这样一段文字："有了智慧，我们才能得到财富；有了财富，我们才能得到自由。"可见思想观念对人的影响何其重大，现代人要靠领薪水致富，恐怕难如登天，靠思想观念致富则是一条捷径。世界首富微软公司董事长比尔·盖茨就是一个靠脑袋致富的典型例子，他拥有比别人先进的观念，将许多别人想不到的想法及创意，化为电脑软件程式，在电脑资讯界独领风骚，赚进亿万财富。

"亿万财富买不到一个好的想法观念，一个好的想法观念却可以赚进亿万财富"。一个人想要过上富有的生活，简而言之，就是要靠脑袋致富，而不是靠领薪水过日子；要靠组织网络倍增财富，而不是靠单打独斗赚血汗钱。

美国成功学大师拿破仑·希尔博士依赖自己所创的"心理创富学"而拥有亿万资产，他曾指出："人的心灵能够构思到，而又确信的，就可以成为财富。"并提出了心灵创造财富的公式：财富＝想象力＋信念。

就是说，人获得的一切物质或精神成就，都首先由心灵的想象构思而来，然后再依赖于信念去全心运作。在人类科技史上，科学的发现和技术成果的获得，与那些最早被斥为"异想天开"的想象有着紧密的联系，这已被事实所证明。法国科幻作家凡尔纳 100 年前构思的飞船及海底游船，与今天的航天飞机、潜艇的惊人相似，也使我们得出同样的结论，即人类的唯一极限是系于其想象力的。这一结论同时包含着另一个疑问：到今天，对于大多数人来说，为什么想象力的开发运用还远远没有达到其顶峰呢？答案是：我们大部分人，虽然只知道想象力的存在，却不知道它的运作方法。

我们知道，预见性想象对创富成败的影响是不言而喻的。一个错误的决策往往与其预见能力不足有关，而一个正确的预见则可以帮助你快速获得财富。曾一度令整个欧洲疯狂的联邦德国"电脑大王"海因茨·尼克斯多夫就是以其超前想象先声夺人而取胜的。

海因茨原在一家电脑公司里当实习生，只是搞一些业余研究，还常常不被采纳，于是他自己外出兜售，得到了一家发电厂的赏识，预支了他 3 万马克，让他在该厂的地下室研究两台供结账用的电脑。1965 年，他获得了成功，创造出了一种简便、成本低廉的 820 型小型电脑。由于当时的电脑都是庞然大物，只有大企业才用得起。因此，这种小型电脑一问世，立即引起了轰动。他为什么要搞这种微型电脑呢？他自己的回答是："看到了电脑的普及化倾向，也因此看到了市场上的空隙，意识到微型电脑进入家庭的巨大潜力。"在其富于想象的大脑中，他甚至"看到"每个工作台上都有一台电脑。可以说，正是这种预见和想象使他获得了成功，并成为巨富。

1975 年 3 月的一天，菲力普为在当天报纸上偶然看到的一条新闻兴奋不已：墨西哥发现了类似瘟疫的病例。他马上联想到：如果墨西哥真的发生了瘟疫，则一定会传染到与之相邻的加利福尼亚州和得克萨斯州，而从这两州又会传染到整个美国。事实是，这两州是美国肉食品供应的主要基地。如果真如此，肉食品一定会大幅度涨价。于是他当即找医生去墨西哥考察证实，并立即集中全部资金购买了邻近墨西哥的两个州的牛肉和生猪，并及时运到东部。果然，瘟疫不久就传到了美国西部的几个州。美国政府下令禁止这几个州的肉食品和牲畜外运，一时美国市场肉类奇缺，价格暴涨。菲力普在短短几个月内，就净赚了 900 万美元。

在此创富事例中，菲力普先生运用的信息，是偶然读到的"一条新闻"，并运用了自身所具有的地理知识：美国与墨西哥相邻的是"加利福尼亚州和得克萨斯州"，且此两州为全美主要的肉食品供应基地。另外，依据常规，当瘟疫流行时，政府定会下令禁止食品外运；禁止外运的结果必然是，市场肉类奇缺，价格高涨。但是否禁止外运，决定于是否真的发生了瘟疫。因此，墨西哥是否发生瘟疫是肉类奇缺、价格高涨的前提。精明的菲力普立即派医生去墨西哥，以证实那条新闻的可靠性。他确实这样去做了，才有了 900 万美元的利润。

类似菲力普这样运用预见性创富的实例，在商界不胜枚举，这大概就是人们所谓的"机遇"。在我们周围，不是许多人都在埋怨自己缺少机遇吗？那就请不失时机地运用预见性想象吧！因为预见性想象对我们的大脑而言，只有越用方能越灵敏。要知道，预见性想象，具有使人一夜之间暴富的魔力。

心理学家指出，想象的方法有 3 类，逻辑想象、批判想象、创造想象。这 3 类想象的单独或综合运用，都可能提供创造财富的正确途径——想象力的结晶。创造学祖师希尔博士，这样肯定地提醒人们说："想象力是灵魂的工场，也是财富的'核反应堆'，它可以给你带来一个创富的目标，让世界上许多事物向你展示出新奇的面目。但仅止于此还不够，你还必须以坚定的信念，去加以实现。"关于行动的重要性，曾获得过 1978 年度诺贝尔物理学奖的罗伯特·威尔逊在谈到科学的创造过程时说过："科学家在动手解决一个确定会有答案的难题时，他的整个态度才会随之发生根本改变，此时他实际上已经找到了一半的答案。"因此，当我们有一个创富创意就存在于大脑中时，不妨相信财富已经在某处存在，仅需要我们动手去捉住它罢了。

 欲望衍生财富

法国著名作家巴尔扎克说："欲望是支配生命的力量和动机，是幻想的刺激剂，是行动的真正意义。"

你所欲望的东西就是你要追求的目标，欲望本身则是你努力刻苦的基本动力。欲望还可以促使梦想变为现实。

欲望是挣取财富的原动力，动力越强，其行动就越有力，行动越有力，实现财富梦想的概率就越大。这些都是成正比的。

如果你要获得财富，你就必须要让你的欲望变得非常强烈，只有强烈的欲望才能使你奋进。

西方有句谚语说得好，只有想不到的事，没有干不成的事。

只有钟情于金钱，你的财富才会不断增加。

被誉为日本经营之神的松下幸之助，从 9 岁起就开始了学徒生涯，尝尽了各种艰辛。他经过 15 年的漫长磨砺，于 24 岁创立了自己的公司并开始独立经营。经过数十年的艰苦经营，终于使一个小作坊式的工厂发展成国际性的庞大企业集团。其公司规模 2005 年在世界 500 强大企业中名列第三位，而且还曾比这更靠前过。他有一句名言被商人奉为经典："让我们钟情于金钱吧，这样才会有所作为。"

只有具有"财富意识"，才能积累财富。

赚钱要从"心"开始，要赚大钱成为富豪，你就不能满足于小富，"小富即安"的心态是成就不了大事业的，要追求更高的目标你必须还要有"野心"。

"野心"会使你财路畅通，对于要追求成为巨富的人来说，野心甚为重要。

盛田昭夫，一个寻常的名字，却是日本电子技术的神人。1946 年他创办东京通讯工业公司（索尼公司的前身）时，就霸气十足，他对合伙人说："我们的市场不仅仅是日本、亚洲，而是全世界。"为了占领美国市场，他

制订了一个 10 年不赢利的计划。当他的艰辛努力获得丰厚的报酬时，他也成了第一个实现企业国际化的日本人。

美国钢铁大王卡内基少年时就立下誓言：我将来一定要成为大富豪。卡内基没受过什么教育，曾干过锅炉工、记账员、电报业务办事员等最底层的工作，除了机敏和勤奋，卡内基一无所有。卡内基的心中有一个梦想，那就是他在少年时就立下的誓言：赚钱成富翁。在当时的动荡及战乱年代，他的梦想曾被人耻笑，说他是可笑的野心家。但他成功了，他登上美国"钢铁大王"的宝座。

卡内基或许没有生意人的精明和钻营，但他总是把可以赚钱的机会抓住。这正是成功的野心家所必需的一切。很难想象：没有欲望，台湾的王永庆能拥有令人羡慕的财富……欲望可以是罗曼蒂克的，但不是空想。它需要破釜沉舟的决心和勇气，也需要坚忍不拔的意志和信念。

王永庆 16 岁时就开起了米店，面对众多的竞争对手，他突发奇想：要是能将风头最劲的日本米店比下去，就算成功了。经过多番努力，他终于实现了自己的愿望。20 世纪 50 年代，王永庆想进军塑胶业，有人劝他，连精通塑胶业的何义都不敢接这个烫手山芋，你凭什么去接？王永庆却想：别人不敢做的事我做成了，岂不美哉！他果真做到了，而且，他的名字成了"财富"的代名词，他的"一个喷嚏"足以令全台湾的工业界都感冒……

王永庆成功的秘诀就在于，最大地拥有欲望、野心。

以上事例说明，欲望是可以化为实质对等物的，欲望可以衍生财富。

你也许会抱怨说，在未实际达到这一目标之前，你看不到自己的成就和财富，但这正是"炽烈欲望"的魅力所在。如果你真的十分强烈地希望拥有财富，进而使你的这种欲望变成了你坚定的信念，你最终便会真正地得到它。

如果你真正地热爱金钱，并下定决心要致富，那么你也可以成为赚钱高手，当今的时代和我们所面临的国内形势为你提供了充分的可能。

在新千年新世纪里，"新经济"的神话一个又一个地变为现实。只要你有财富的野心与欲望，你就能成为其中一员。

好奇带来财富

　　要想成功创富光有一番雄心壮志是不行的，还必须有一个灵活的头脑，一双敏锐的眼睛。头脑灵活目光敏锐的人能够发现财富的源点，洞察商机，从而轻易致富。当然，要想做到目光敏锐，不是件容易的事，这里，有好奇心的人常常占据优势，他们比没有好奇心的人更容易做到这点。因为，当人们对某一事物，或某种现象、行业、人物产生好奇时，就会对它生出强烈的探究欲和求知欲，而好奇心会促使人们弄清的真相，看透事物的本质。由于长期思考某一问题，就会使大脑皮质形成某些特别强烈的兴奋点，而一些潜在的信息、意识、联想和悟点等，也会自动活跃起来，跃入大脑，有时像闪电一样照亮人们的思路，使人豁然开朗，顿悟玄机。

　　当我们打开人类历史发展的画卷时，就不难发现，好奇心是使人们萌生科学幼苗，创造机会，不断发明进步的可贵品质之一。爱因斯坦在幼年时曾惊讶罗盘的指针永远指向北方，并由此唤起了他对科学研究的好奇心。后来，他说道："我没有特别的天赋，我只有强烈的好奇心。"一语道出了科学家成功的奥秘之所在。

　　哥白尼对天体的运行以及日食、月食等现象均十分好奇，这使他对天体学产生了浓厚兴趣，驱使他花了30多年的时间，建立了太阳中心说，从而揭开了近代科学的序幕。被誉为"星学之王"的丹麦宫廷天文学家第谷，从小就对天象好奇，一生以观测天象著称于世。1597年的一个夜晚，他发现了一颗新星，立即对之进行跟踪观察，并且连续记载了长达18个月，记录这颗新星的亮度变化，为后来发现行星运动三大定律留下了宝贵的天文资料。

　　19世纪中叶，化学家们在实验过程中，偶然获得了很多新元素，其中不少都是借助了好奇心的作用。当时，有一位名叫西特洛迈耶尔的药房总检查员，他在许多药房里看到通常呈白色的硫酸锌因为受热而变黑。这到底是为什么呢？好奇心驱使他做进一步的思索。他把这些变黑的硫酸锌经过几次分离，竟然意外地得到了一种新的元素，这就是镉。

好奇心往往既是科学发现的动力之一，更是创造机会的重要途径。因此我们要敢于不满足现状，对任何异常的现象都要多加观察，大胆提出设想，在这样的条件下产生出的好奇心，通常都能得到意外而又惊人的成果——你的一生很可能就会因此而改变。

前面我们所举的例子都是一些著名科学家的事迹，或许你会发问：一个普通人也能凭借好奇而创造出财富的机遇吗？告诉你，千万不要妄自菲薄，轻视自己的能力。好奇，不只是从事科学研究人员必备的品质，一切想有所发现、有所创造的人们，都应当具备这种起码的品质。下面这则故事，足可以使你增强对上说法的信心。

日本横滨市居民富安宏雄患肺病躺在床上，他很想睡觉，不愿意想令人不快的事情。但因经济情况每况愈下，心情很坏，难以入眠。

床边的火炉正在烧开水。茶壶盖子上冒出白色的水汽，并且发出"咔嗒"的声音，好像有心嘲弄他。

他实在觉得不耐烦了，在气恼之下，拿起放在枕头边的锥子用力地向水壶投掷过去。锥子刺中了水壶盖子，但是并没有滑落下来。

奇怪，这样一刺，"咔嗒"的声音反而立刻停了下来。他感到很诧异，无神的眼睛突然闪动起光芒。他的心神被这个意外震慑住了。

如果是别人的话，水壶安静下来就会心满意足了，不会把这当做一回事，不会进一步去动脑筋。但是这位先生与别人不同，虽然他被病魔缠身，但是他有毅力，好奇心强烈，善于运用智慧，懂得制造机会。

富安宏雄这时不想睡了，觉得一切的苦恼和混乱都消失了，好奇心让他开始在床上大动脑筋。以后他又亲自试验了好几次，证实盖子上如果有个小孔，烧开水时就不会发出声音了。

生活不再乏味，身体也不再感到生病的痛苦，对生的希望又再度复苏了。他想："我要把这项新创意好好利用，尽全力让它开花结果才行！"

皇天不负苦心人，他拖着病躯奔走了一个月后，他的创意终于得见天日，明治制壶公司以2000日元买下了他的专利。当时的2000日元约等于现在的1亿日元。

可见，财富的创造其实也就这么简单，它并不复杂，只要我们对周围的万事万物平时多加留心，不要忽略任何有可疑的地方，你也同样能轻松自然地创造财富。

为好奇而好奇，为创造而创造，这是不可能得到财富垂青的。我们必须从好奇的现象中获得新的发现、新的认识，只有这样，我们才能从好奇的现象中探幽寻胜，才能使我们有所发现，进而取得财富，否则的话，财富始终不会来敲打你的大门。

 # 思想创造财富

模仿别人是大多数经营者赚钱的法则。但是，随着社会的发展，任何一种商品都要不断改进，才能迎合人们不断进步的要求。凡事盲目跟风，动作快的话还可以赚一点钱，如果动作太慢，不但赚不到钱，反而有可能把自己的老本给搭进去。这就应了那句话："第一个做的是天才，第二个做的是庸才，第三个以后做的便是蠢材。"所以，对于经营者来说，要想获得超出常人的成功，第一要诀就是眼光独到。

愈是商品经济发达的社会，愈难创新。因为社会需要大致已经定型，经营者必须从已有的金矿里，辛苦地再加以开采。当然，很有可能你寻宝的金矿，已被前人开采了八九次了。

眼光独到的经营者，都明白这样一个道理：一个尚未有人注意到的领域里，或许应该说，尚未有人敢在生意上打主意的领域，要创造出赚钱的机会，是比在前面所说的金矿里寻宝容易得多。

对于独具慧眼的经营者，赚钱的机会无处不在，关键就在于他们必须善于发现。

有这样一则故事。

美国人斯塔克既没有自己的企业，也没有雄厚的资本，但他靠一个独特的想法，没花一分钱便将一堆烂铁废渣巧妙地变成了财富，令人惊叹不已。

当时美国的得克萨斯州有座很大的女神像，这座女神像历史悠久，许多人都喜欢来这里参观、照相。但因年久失修，州政府决定将它推倒，只保留其他建筑。推倒后，广场上留下了几百吨的废料，有碎碴、废钢筋、朽木块、烂水泥……既不能就地焚化，也不能挖坑深埋，只能装运到很远的垃圾场去。200多吨废料，如果每辆车装4吨，就需50多车次，还要请装运工、清理工等，至少得花2.5万美元。

听了这个消息，有的人为神像的失去感到可惜，有的人为垃圾的处理而头痛，有的人为将来广场的建设而做种种设想，唯有斯塔克以敏锐的眼光看到了这些腐朽的废渣里藏着的钱财。他想出了一个绝妙的赚钱点子。

他来到市政有关部门，说愿意承担这件"苦差事"。他说，政府不必费2.5万美元，只需付2万美元给他就行了，他保证处理好这堆垃圾。

对于这样的好事，市政部门没有道理不同意，合同当场就订下了。斯塔克要这些垃圾干什么呢？他请人将大块废料砸成小块，然后进行分类，把废钢皮改铸成纪念币；把废铁废铝做成纪念品；把水泥做成小石碑；把神像帽子弄成很好看的小块，标明这是神像的著名桂冠的某部分；把神像嘴唇的小块标明是她那可爱的小嘴唇……所有加工好的东西都装在一个个十分精美而又便宜的小盒子里，甚至朽木、泥土也用红绸垫上，装在玲珑透明的盒子里。

斯塔克将这些纪念品出售，小的1美元一个，中等的2.5美元，大的10美元左右。卖得最贵的是女神的嘴唇、桂冠、眼睛、戒指等，150美元左右一个，这些东西很快就被抢购一空了。斯塔克巧妙地从一堆废弃物中净赚了12.5万美元。

面对同样的一堆垃圾，考古学者想到的是有无考古价值，清洁工人想到的是处理难度，环保人士想到的是环境污染，唯有斯塔克却从中想到了赚钱的点子。

从上例可以看出，好的想法可以帮你致富，助你成功。

为什么是"思考"致富，而不是"努力工作"致富？世界著名的成功学大师拿破仑·希尔强调，最努力工作的人不一定会富有。如果你想变富，你需要"思考"，独立思考而不是盲从他人。富人最宝贵的一项资产就是他们的思考方式与别人不同。如果你做别人做的事，你最终只会拥有别人拥有的东西。而对大部分人来说，他们拥有的是多年的辛苦工作，高额的税收和终生的债务。

致富有捷径吗？希尔的回答是肯定的。

捷径的定义是，比一般的途径更直接且更快完成某件事情。

走捷径的人一定知道自己的目的地。他必须走出去，不论中途遇到何种障碍，都必须继续下去，否则永远都到达不了目的地。希尔列出了17项改变你的世界的成功法则，这些法则包括：设定目标；组织智囊团；培养吸引人的个性；建立信心；多付出一点点；创造个人进取心；培养积极心态；控制热情；加强自律；正确思考；控制注意力；激发团体合作；从逆境和挫败中学习；培养创造力；保持健康；预算时间和金钱；动用自然习惯的力量。

希尔强调，你必须培养积极的态度，应用这些成功的法则，影响、运用、控制及协调所有已知及未知的力量。你要能够为自己思考。

所以，致富的捷径只有简单的一句话："用积极的思考去追求财富。"

当你确实以积极的态度思考，自然会有所行动，达成你所有正当的目标。

再次强调致富的捷径：以积极的思考致富，并且是应当配以积极的心态，相信你能，你就做得到！不论你是谁，不管年龄大小，教育程度高低，都能够招徕财富。各行各业的人士，都不要低估思考的价值。即使躺在床上也能思考。即使你躺在医院的病床上，研究、思考及规划，也能致富。

乔治·热姆雷特在一个退伍军人医院疗养，他的时间很多，但是除了读书和思考之外，能做的事情并不多。他懂得思考的价值，他对自己充满信心。乔治知道很多洗衣店，都在烫好的衬衣领上加一张硬纸板，防止其变形。他写了几封信向厂商咨询，得知这种硬纸板的价格是每千张4美元。他的构想是，在硬纸板上加印广告，再以每千张1美元的低价卖给洗衣店，赚取广告的利润。

乔治出院后，立刻着手进行这个构想，并持续每天研究、思考和规划的习惯。广告推出后，乔治发现客户取回干净的衬衫后，经常是将衣领的纸板丢弃不用。他问自己："如何才能让客户保留这些纸板和上面的广告？"答案闪过他的脑际。

他在纸卡的正面印上彩色或黑白的广告，背面则加进一些新的东西——孩子的着色游戏、主妇的美味食谱或全家一起玩的游戏。结果，他成功了。有一位丈夫抱怨洗衣店的费用激增，他发现妻子竟然为了搜集乔治的食谱，把可以再穿一天的衬衫送去洗。

乔治并未以此自满。他野心勃勃，要让自己的事业更上一层楼。他把每千张 1 美元的纸板寄给美国洗衣工会，工会便推荐所有的会员采用他的纸板。因此，乔治有了另外一项重要的发现，给别人你所喜欢及美好的事物，你会得到更多。

缜密的思考和规划为乔治带来了可观的财富，他认为一段独处的时间是招徕财富的必要投资。

灵感总是悄然而至。不要误以为马不停蹄才是效率，不要认为思考是浪费时间。

每一天有 1440 分钟。用 1% 的时间研究、思考及规划，这 14 分钟将有意想不到的效果。养成随时随地接纳建设性观念的习惯，不要浪费洗碗、搭公车或洗澡的零碎时间。准备好纸和笔，随时把灵感记录下来。

只要你勤于思考，善于思考，并将这种好习惯坚持下去，终有一天，你的思想会带你走近财富的。

知识就是财富

知识有两种，一种是一般常识，另一种则是专业知识。一般常识对积累财富并无多大用处。大学教授拥有各种知识，但是他们大多不是富豪，因为他们中很多人组织和利用知识的能力还不够强。知识本身并不能产生财富，除非你对它加以发挥和利用。很多人都会对"知识就是力量"这句话产生误解，因而他们常常感到困惑。这是因为他们对事实不了解。其实，知识只是一种潜在的力量，只有将知识转化成明确的计划和行动，知识才能成为真正的力量。

现代教育制度的失败在于，学生们得到知识之后，并没有学会如何去组织和利用这些知识。这是教育制度的一个重要缺陷。

那么，要如何运用知识才能挣钱呢？首先你要决定你所需要的专业知识，通常情况下，人生的主要目的和你现在所要达到的目标，将决定你所需要的知识。这个问题解决以后，第二步就要求你对你所依靠的知识要有一个正确的认识。其中需要注意的是：本人的教育背景和经验；与人合作会使你得到你意想不到的效果；如果有机会的话，尽量进入学校学习；多去图书馆，那里有你需要的几乎所有的东西；进行专业训练课程的学习。

在获得知识之后，还要将其组织起来，并通过切实可行的计划用以实现既定的目标。要知道，知识如果不被运用，就没有任何实际的价值。

各行各业的成功人士都在不断地获取他们所需要的专业知识，而从不停止。有些人认为，一旦停止了学校教育，就意味着获取知识的过程的完成，因而他们不再去主动获取知识。持有这种想法的人是不会成功的。

其实，除了学校教育外，你还可以通过进夜校学习，或函授学习的方法来获取知识。

知识只要运用得当，就能够转化为财富。这也是之所以说"知识就是力量"的原因所在。现在让我们来看一个特别的例子。

某杂货店的一名推销员突然失业了。幸好他有一点记账的经验，所以他就开始选修会计课程，并经营起生意来。从雇用过他的杂货店开始，他相继与百余家小商店签订合同，为他们记账，按月向他们收取极低的费用。他的主意很实用，不久他便在一辆轻型的送货卡车上设立一个流动的办公室，装备最新的记账器。他的主意成功了，他现在已有许多在汽车上的会计办公室，雇用了众多的助手，使许多小商店花费少量的钱，而获得最佳的服务。

这个独特的例子，其主要的组成成分是专业的知识加上想象力。现在，那名推销员每年所付的个人所得税，几乎是他在失业时那位杂货商付给他的工资的 10 倍。

这个成功的生意，是以一个主意为开端的。一个好的主意是无价的。而在所有主意的背后的支撑就是专业知识。不幸的是，那些未曾发现大量财富的人，很多都是因为只有丰富的专业知识，却欠缺创业的好构思。好的构思由想象得之，想象力能把专业知识与现实需求合并为一种有组织的计划，这是产生财富所需要必备条件。

第八部
最伟大的力量

提炼自《最伟大的力量》（〔美〕马丁·科尔著）

【关于本书】

这是一本激励自我的经典作品，是马丁·科尔最著名的作品之一，曾被翻译成十几种语言在许多国家和地区发行，总销售量已超过5000万册。

【点亮心灯】

1. 许多人的一生都在无奈与困境中度过，原因就在于他们没有认识到自己身体内部所潜藏的最伟大的力量，而这种力量就是选择的力量。

——《最伟大的力量》

2. 一个人的幸福主要还是造就于他自己的手，所以诗人说："人人都可以成为自己的幸福的建筑师。"

—— 培根

选择掌握在你的手里

在有限的生命中，上苍赋予我们许许多多宝贵的礼物，"选择的权利"就是其中一项。

既然上苍将其赐给了我们，我们就有权利思考、行动。一般人总以为只有在决策时才需要选择，其实，即使不是进行决策，我们所做的每件事情也都是一种抉择。

日常生活中会让我们产生压迫感的事情不胜枚举，其中，失去控制感就是最令人头痛的一项。我们之所以会感受到自己拥有控制感，就是因为我们有选择的权利，要是有人剥夺了我们这项权利，就等于要我们不能自主地思考、行动。

正因为这是上苍赋予人类的礼物，所以，不论面对何事，我们都可以自行决定。暂且不管我们做了什么选择——勇于面对事情也罢，逃避现实也好，只要选择了，我们就会感到那种控制感又回到自己的身上。

很多人老是抱怨自己活在别人的阴影下，什么事都由别人控制着，自己就像傀儡一样任人摆布。殊不知要怎么活是自己选择的，哪能怪得了他人？

没错，人总是有很强的控制感，除了想完全控制自己之外，还想控制别人。无形之中，他人的一举一动均可能侵犯你的权利领域，但是，当碰到这种外来侵犯时，你本身的控制感难道不曾奋起抵御吗？

因此，假如你也有过丧失了控制感的感觉，那么你首先需要做的就是该自省一下，自己是不是了解自己的选择权利在哪里？你有没有充分运用它？想要对自己好一点，就该善用你的选择权，这样才能减少压迫感。没人能完全左右自己的命运，但至少应该充分掌握选择的权利，若抉择之后，又全力以赴，成败就不必计较了。

选择需要正确的认识

你有一种伟大而令人为之震惊的力量。一旦你充分而恰当地运用了这种力量，它带给你的将是自信而非胆怯，是宁静而非混杂，是处之泰然而非束手无策，是心灵的平静而非痛苦。

这种力量的存在，一旦你意识到了，并着手活用它，将会使你的整个人生得以改变，并使它演变成你所喜欢的样子。于是，一种原本满是忧伤的生活就能够变得充满欢乐，失败也将变为一种幸运。胆怯能够转变为自信。绝望的生活也会变得趣味盎然。

这种巨大的力量有多少次被我们触摸到了却没有辨认出来？这种巨大的力量有多少次被我们握在手中却又丢掉了？其原因仅仅是因为我们没有认出它，没有看到它能带给我们的各种利益，没看到它万能的、可造就的影响。

这种巨大的力量到底是什么呢？在向你阐明这一问题之前，先给你讲述一个发生在非洲的故事：一位探险家来到非洲的荒野之中，他随身带去了一些不值钱的小饰品，以作为给当地土著居民的礼物。途中，他把两面镜子分别靠放在两棵树上，然后和他的随从们一起坐下来休息，谈论一些关于探险的事情。这时，探险家发现，有一个土著人正手执长矛向镜子走来，当他望见镜子里自己的影子时，便挥矛朝镜子刺去，似乎镜子里的影子也是真的土著人并且要杀掉他一样。结果很显然，这面镜子被他击碎了。这时，探险家走到土著人身边，询问他为什么要打碎镜子。这个土著人竟然理直气壮地说："既然他要杀我，我就要先下手杀掉他。"于是，探险家向他解释说，镜子里人不会伤害他，并带他来到第二面镜子前。他对土著人说:"你看,镜子的用途是:利用它,你能看到自己的头发是否梳直了,自己脸上的油彩的多少是否合适,自己的胸部有多强壮,肌肉有多发达。"土著人回答说:"原来是这样啊,我可不知道。"

数以万计的人都是如此,他们每个人的情形都和这个土著人不相上下。他们一生与生活抗争。在生命的任何一个转折点上,他们都认为将有一场战斗,而情况也的确如此。他们估计会有敌人,而且果真与敌人撞了个正着。他们预计会困难重重,也的确是事事不尽如人意。"假如不这样发展,它就会那样展开,总之,必定会有什么发生。"对于千千万万没有认识到这种巨大力量的人而言,事情的过去、现在、未来都是一个样。正如同钻石对于那个在自己的后院里就能找到的农夫一般,这种巨大的力量是潜伏着的、是秘密的。数以万计的人一直过着平淡、困苦的生活,其原因是:一旦这种巨大的力量与他们擦肩而过,他们将永远抓不住它了。你是敌不过生活。你曾尝试过与它抗争,数以万计的人也曾这样做过,而结果是,你们都败得很惨。那么,答案究竟是什么呢?那就是我们必须在生活中充分理解生活。当然,前提是我们要充分利用生活,做出必要的选择。

我们每个人都能够运用它,什么特殊的训练啊、教育啊,它统统不需要。因为它并不是一种必须具备的特殊天资才能成功运用的能力,也不是一种极小部分人特有的能力。利用它,你无须任何财产或者权威。它是一种每个人与生俱来的能力,无论你贫穷也好富有也好,成功也好失败也好,你都具有这种能力。这种能力我们认识得越早,踏上正轨并坚持走下去也就越快。相对地,从此走上正轨并坚持走下去的人越多,在另外一些人心中萌生的希望也就越大。随之,他们也会按照这种健康的生活方式生活下去。

很多人都没有注意到,当他们来到一家鞋店时,他们可以选择买一双黑色的鞋,也可以选择买一双棕色的;当他们来到一家服装店时,他们可以要一件浅色的外套,也可以要一件深色的;当他们听收音机时,他们可以把频率调到这个台,也可以调到那个台;当他们走进冰淇淋店时,他们可以吃一个巧克力脆皮,也可以喝一杯凤梨汁;当他们想看电影时,他们可以选择去附近的一家电影院,也可以选择去闹市中心的电影院。是的,只要你做出某一选择,其结果就确实是这样,当你准备买一辆小轿车时,你可以选择某一个特殊牌子的车，也可以选择其他牌子的车。换言之，选择的力量，即是一个人所具有的最伟大的力量。

选择具有神奇的力量

是的，不管你信仰什么，你都具备这种力量。你能选择鞋、服装、广播、节目、电影、汽车、伴侣，等等。你有这种能力，没有任何来自你本人之外的东西迫使你做出这些决定。你做了决定因为你做了选择。你做出了这样的选择，因为你希望它是这样。如果这是个糟糕的选择，那么，当然我们希望有个什么人或什么东西可以让我们去责怪。于是，有人就说："这是上帝的旨意。"但是，是这样吗？你可能很熟悉那句老话："自助者，天恒助之。"不管有关上帝的那些传说我们信还是不信，或者到底能够相信多少，上帝确实赋予了每一个男人和女人自助的权利——换句话说，选择的权利。

亨利·德拉蒙德在他的《世界上最伟大的事情》一书中，讲述了一个病得很重的小男孩的故事。这个男孩快要死了，他的父母为此感到非常伤心，但是医生确实已经是束手无策了。有一天，一个上了年纪的、笃信宗教的人走进这间房子，他发现这里的每个人都显得非常沮丧。他问这些人为什么都是一副无精打采的样子。他们告诉他，他们年幼的儿子得了重病，这小家伙很可能会死掉。这位虔诚的老人问他们孩子在哪儿，他们便指给了他那间卧室。老人走进卧室，将手放在小家伙儿的头上，说："我的孩子，上帝爱你，你难道不知道吗？"说完，他走出了卧室，很快便离开了这家人。他走了之后，那个病得很重的小男孩从床上跳了下来，在整幢房子里跑来跑去，喊着："上帝爱我……上帝爱我！"他不再是一个病人，而是重新获得了健康。

这是一个极好的例子，它向人们展示了当一个人选择相信上帝爱他的时候，会发生什么样的事情。毫无疑问，这个小男孩曾经做过一些错事——当然不是应该用死亡来惩罚的事情——但很显然他以为上帝在惩罚他。然而，一旦他意识到上帝爱他的话，他的病就好了。这个小男孩运用了那种巨大的力量——选择的力量，从而复苏了生命，并使他的家庭免去了许多悲伤。

在这个世界上没有什么会主动伤害我们，只有我们自己错误的选择。如果我们选择吃得太多并因此生病的话，该怪谁呢？如果我们选择将车开得太快以至于它最终失去控制的话，该怪谁呢？如果我们选择使自己的性格醒醒、令人讨厌，该怪谁呢？如果我们要把钱带进棺材，成为"坟墓中最富有的人"，却使自己成了病人的话，该怪谁呢？如果我们没有学会怎样生活，该怪谁呢？其实这不能怪任何人。这都是由于我们没有正确地运用上苍赋予我们的最伟大的力量——选择，这样我们便伤害了自己。

中国有一位智者，他以有先知能力而著称于世。有一天，两个年轻人去找他。这两个人想愚弄这位智者，于是想出了下面这个点子：他们中的一个在右手里藏一只雏鸟，然后问这位智者："智慧的人啊，我的右手有一只小鸟，请你告诉我这只鸟是死的还是活的？"如果这位智者说"鸟是活的"，那么拿着小鸟的人就会将手一握，把小鸟弄死，用这种方式来愚弄智者。如果他说"鸟是死的"，那么那个人只需把手松开，小鸟就会振翅而飞。两个人认为他们万无一失，因为他们觉得问题只有这两种答案。他们在确信自己的计划滴水不漏之后，就启程去了智者家，想跟他玩玩这个把戏。他们很快见到了智者，并提出了准备好的问题："智慧的人啊，你认为我手里的小鸟是死的还是活的？"其中一人问道。老人久久地看着他们，最后微笑起来，回答说："我告诉你，我的朋友，这只鸟是死是活完全取决于你的手！"

不是吗？你的人生由你自己决定，你事业的成败也完全是由你自己决定的，你就是作决定的人。当你作出一个崭新、认真且坚定不移的决定时，你的人生在那一刻便会改变。有了决定就可以解决问题，有了决定便能带来无穷的机会与快乐，有了决定就能使事业成功，它是一种能把梦幻化为实际的神奇力量，是使无形转变为有形过程的催化剂。

当你明白了决定的意义时，便会晓得这种力量早就蕴藏在自己的身上，它不是有权有势的人的专利品，而属于所有的人。当你手握本书时就可以支取这个力量，只要你敢于拿出主见，请问你今天是否愿意为自己的未来作个决定？

艾德是一个很"平凡"的人，14岁时因感染小儿麻痹症致使头部以下瘫痪，必须靠轮椅才能行动，他却因此而有了"不平凡"的成就。他使用一个呼吸设备，白天得以过正常人的生活，但晚上则有赖"铁肺"。得病之后他曾几次差点丧命，不过他可从不为自己的不幸而伤心难过，反而期望有朝一日能帮助有相同病症的患者。

你知道他是如何做的吗？他决定教育大众，不要以高高在上的姿态认为肢体残疾的人无用，而应顾及他们生活中的不便处。在他十余年的推动下，社会终于充分注意到了残疾人的权利，如今在美国各个公共设施都设有轮椅专用的上下斜道，有残疾人专用的停车位，有帮助残疾人行动的扶手，这都是艾德的功劳。艾德是第一个患有颈部以下瘫痪而毕业于加利福尼亚州大学柏克莱分校的高才生，随后他担任加利福尼亚州州政府康复部门的主管，是第一位担任公职的严重残疾人士。

艾德事迹是一个极佳的例子，说明了肢体上的不便并不能限制一个人的发展，重要的是他是否决定要结束这样的不便。他的一切行动只不过源自于一个单纯但有力量的决定，如果换成你，打算为自己的人生做出什么样的决定呢？

有很多人或许会说："好吧，我也愿意为将来作个决定，问题是我不知道该怎样作决定。"只因为不知道方法便不敢作决定，往往会失去实现梦想的机会，结果一生便会过得平淡乏味。在此请你记住，不知道怎么作决定并不重要，重要的是你要决心找出一个办法来，不管那是个什么样的办法。

选择正是成功的起点

美国钢铁大王安德鲁·卡内基在未发迹前的年轻时代，曾担任过铁路公司的电报员。

有次在假日期间，轮到卡内基值班，电报机滴滴答答传来一通紧急电报，内容令卡内基几乎由椅子上跳了起来。

紧急电报通知，在附近铁路上有一列货车车头出轨，要求上司命令各班列车改换轨道，以免发生碰撞的惨剧。

当天是假日，卡内基找不到可以下达命令的上司，眼看时间一分一秒地过去，而一班载满乘客的列车正急速驶向货车头的出事地点。他必须马上做出选择：不发电报，任其发展；立即以上司名义发电报，制止意外的发生，但第二天等待他的可能是被革职。

时间刻不容缓，卡内基果断地敲下发报键，以上司的名义下达命令给班车的司机，调度他们立即改换轨道，避免了一场可能造成多人伤亡的意外事件的发生。

按当时铁路公司的规定，电报员冒用上司名义发报，唯一的处分是立即革职。卡内基十分清楚这项规定，于是在隔日上班时，写好辞呈放在上司的桌上。

上司将卡内基叫到办公室内，当着卡内基的面将辞呈撕毁，拍拍卡内基的肩头说：

"你做得很好，我要你留下来继续工作。记住，这世上有两种人永远在原地踏步：一种是不肯听命行事的人，另一种则是只听命行事的人。幸好你不是这两种人的其中一种。"

也正是由于具有这种伟大的力量，所以在以后的事业中，卡内基才得以一步步走向成功。

成功者之所以能够成功，是因为他愿意去做一些失败者所不愿意做的事。失败者之所以失败，是因为他一直在做成功者所不愿意做的事。

要能够明了什么是该做或不该做的事，首要条件就是必须拥有明确的目标，再则需要有清晰的定位，加上智慧。这样，就可以有正确的判断力，看清自己该做的事情。

一味反抗，不听命行事，以及固执畏缩，只听命行事的人，的确难以成功。真正的成功者，是能运用心中的天平，来衡量两者的轻重利弊，并及时做出正确选择的人。

在你获得自己清楚的定位，看清自己的任务后，没有别的选择，你必须立即行动。如果你的意识中有任何想拖延的消极思想产生，不妨想想卡内基若在那一刻有所迟疑，将会造成多少人的伤亡？而你的迟疑呢？

是的，你必须选择立即行动，你很清楚地知道，你的成功，将带给多少人无比的幸福与快乐。

 # 选择成就人生的幸福

幸福，寻找它的人多，得到它的人少。人们常常以为，在金钱、财产和人际交往中能够找到幸福，可是他们忘了，幸福并不是得到什么，它是心灵在感受到自我价值时所处的一种状态。那些每天带着期望去生活的人，那些在生活中感到快乐和满足的人，可以说，都是幸福的宠儿。幸福是自然的，它不需要创造；不幸才是由我们内心的恐惧、焦虑、紧张造成的。多数的人只是在短暂爆发的时刻才感觉到片刻的幸福，而事情过后，他们又重新回到日常的状态。

那些把自己的喜怒哀乐完全寄托在外物之上的人，幸福的大门并不会向他打开。希望自己幸福吗？我们完全可以自己选择，当然，你可以让外界事物来决定你的幸福，但你也可以因为自己所做的一切而感到幸福。即使生活中发生了各种不幸，也并不会妨碍你去选择幸福。你的生命还在，你的呼吸未停，你还可以看着这本书，从中汲取养料，生活中有很多让你幸福的事。即使你暂时还无法做到其他事情，但至少，你还拥有把握幸福的能力。

要相信自己，这一切你都能做到。你是独一无二的，你必然会有非凡的成就。在你内心深处的某个地方，你在热烈地渴望成功，而且，你也具备了这样的能力。从今天起，你要做的，就是先改变自己的人生观，改变你对自己的看法。

要去想象、去憧憬幸福，每天都要这么做，让自己的生活拥有目标，拥有一个个巅峰；要保持内心的宁静，要相信自己，没有什么是你不能做的，没有什么人是你不能成为的。事实上，只要你意识到无论什么时候，你都可以实现幸福，那么，实际上你就已经无时无刻不在幸福之中了。

不要活在过去，我们要把握的是今天与明天，我们需要的是未来的幸福。你的态度就决定了你的幸福：如果你消极悲观，处处不满，整天唉声叹气，那么你永远也进不了幸福的门。

要相信自己配得上幸福，重要的是这种信心，有了信心，也就有了幸福。抛开你从前对生活那套愤世嫉俗的观点，鼓励自己继续往前，去接受变化，去拥抱原本就属于你的幸福，去做希望和成功的忠实信徒。这一切，需要的只是勇气，而这种勇气就在你心里，唤醒它，抓住它，你就会拥有更美好的生活。

世界上最幸福的人，是那些克服了艰难险阻、忍受了长期煎熬，但始终在斗争、在坚持的人。没有经历苦难波折，没有经历生死搏斗，就不可能有幸福。想一想自己过去曾走过的路程，自己克服的那些阻碍，在挫折和奋斗中自己得到的教训和经历。想一想，自己最幸福的时刻，难道不正是经过努力坚持，终于攻克重重难关的时刻吗？不是自己开始还心有怯意，最终却出色地完成了一项任务的时刻吗？或者，是自己本来都以为不能坚持、以为苦难不会结束、最终咬咬牙却挺过去的时刻吗？

生活随时随地都会遭遇各种挑战。我们越是能够将不利变成机遇，就越有可能过上幸福的生活。

第九部
向你挑战

提炼自《向你挑战》（［美］廉·丹佛著）

【关于本书】

这是一部曾经激励和改变过无数人命运的著作，它指导着成千上万的男男女女走上了成功之路。

【点亮心灯】

挑战自我具有神奇的力量，它将让你的人生进入前所未有的成功状态，让你变得更加自信，变得对一切更富有激情，让你在困境中获得可以战胜一切的勇气。

—— 《向你挑战》

我们应当努力奋斗，有所作为。这样，我们就可以说，我们没有虚度年华，并有可能在时间的沙滩上留下我们的足迹。

—— 拿破仑

向梦想挑战

开拓你的梦想

乌托邦是梦想的代名词。事实上，乌托邦"utopia"这个名词是由 16 世纪的英国政治家及作家摩尔爵士创造出来的，是由两个希腊词组成的，意思是指"没有这个地方"，而中文则把它译成乌托邦，意思也是相同的。

乌托邦是我们这个社会所无法达到的理想境地，除非我们克服阻挡在面前的各种障碍。这些障碍又是什么呢？消极，怨恨、沮丧，以及它们所创造出来的问题——气馁、经济不景气、犯罪，依赖药物、家人互不信任和其他很多问题。

梦想是很有意义的，通往乌托邦的道路则更是充满了乐趣与兴奋。

成功是从梦想开始的。

贫穷并不丢脸，但是一方面没有钱，一方面又怨恨别人有钱，而且又没有改善贫穷的确实理想，这就太令人失望了。换一种方式来说，穷人有两种：一种是既没有钱，又没有赚钱欲望的人；一种是手边没有钱，却梦想拥有更多金钱的人。

很多父母阻止他们的子女去追求真正美好的生活，理由是不可能找到这种美好的生活，所以他们要求子女满足于一项普通的工作，以及过着普通而平凡的生活。这些做父母的并没有告诉他们的子女：每一个富裕的家庭在以前——不管是这一代或上一代——都是贫穷的。像微软、福特汽车这些大企业都是由它们的创办人在以前用很少的资金创立起来的，还有很多位美国总统，例如柯立芝、胡佛、杜鲁门、艾森豪威尔、尼克松、福特、卡特及里根都是出身贫苦或小康之家。在近代史中，只有两位美国总统例外，即罗斯福和肯尼迪，只有他们两人是出身于富裕家庭的。

这些成功人士都是善于开拓自己梦想的人。因此，你不应该再让你的梦想沉睡了，而应该现在就动手去开拓它们。

抓住适合你的梦想

聪明的成功者，不是根据别人的梦想来制定自己冲破人生难关的方案，而是通过自己的思考，去找到适合自己的梦想，这样才能达到目的。

先让我们看下面的例子。

或许你不想创业，宁可为一家大公司，或是家乡一个还算不错的小生意工作；或许你偏好写作、当医生、从政、从军、做警察或消防员等。不管你打算创业，展示你的智谋和体魄，还是替政府或私人机构工作，你都有机会作为一个成功的事业家、企业家来大展拳脚。而且不论你的梦想是什么，只要你能及时抓住适合你的梦想，你就会获得成功。那么，如何才能抓住适合自己的梦想呢？

首先，你必须信任自己，这是非常重要的。其次，你还需要一位良师益友的指导。有了这两项，你就可以准备出发了。好啦！现在设定一套周详完整的计划，致力完成它吧！无论你做得怎么样，不要被周围不停地唠叨——"你做不了任何事的！"或"在这个不景气的年代，你就算去做，都不会成功的！"等负面声音所左右，而应全力构筑你的梦想。

年轻的雷斯并不具有什么特殊的才华，他只是一心一意想拥有个人事业罢了。事实上，他只专注于赚钱，很少花时间去试验梦想、审视自己的才华和找寻机会，更别提做出重要决定了。

有一天晚上，当雷斯对梦想几乎不抱希望的时候，听到一个有关直销的节目，于是，他开始建立自己的事业，而得到意想不到的成功。安利或许只是数以万计的创业例子之一而已，但对雷斯来说，却有如漫漫长夜后的曙光。

雷斯回忆说："我所付出的代价极少，到最后我替自己和家人，建构了永远属于我们自己的东西。我投注了大半生在别人的梦想中，现在该是我投下时间和精力在自己的梦想里，并且亲眼看它实现的时候了。"

无论你选择何种事业，先要确定你有充足的资源，支撑你度过初创时的艰辛和低收入的日子，记得《圣经·新约》上所说的，在你开始一项计划时，先衡量得失。也许，这种衡量得失的过程，就是靠大脑寻找适合自己梦想的过程，并从中发现冲破人生难点的契机。

你可以规划任何创业的梦想，但梦想必须要明确。你想拥有什么样的事业？你如何规划你的人生？你想从事何种职业？

不要担心，假如你有个梦想，即使仅是稍具雏形，也大胆去做吧！如果你还没有梦想或不怎么确定，这里有几个问题可以帮助你做出决定。

假如你能选择世上任何一份职业，那是什么职业呢？先不要在意别人的看法，即使是你的家人、朋友或配偶对你有所期望，但你自己的期望又是什么呢？相信自己的直觉，丰富自己的梦想，即使是能振奋起让你对未来有希望的一点点梦想。

法国哲学家巴斯卡曾说："心灵具备某种连理智都无法解释的道理。"不要去听信阻碍你发挥潜力的声音，让你的心灵做主宰，去听听那些会让你编织伟大梦想的声音，然后大胆地跟随梦想前进。

有梦想是一回事，能否去实现它又是另一回事。正如海伦·凯勒虽想开车，但她的身体条件不允许，失明使她丧失许多机会。虽然如此她还是有属于自己的伟大理想，她曾在 1890 年时写下这样的句子："假如世上一切事物都是快乐美好的，我们将永远无法学会勇敢与忍耐。"

别害怕自己的能力有限，也不要盲目。假如数学难倒了你，你可能没有机会成为量子物理学家；假如你已经 56 岁了，你可能无法在 NBA 闯出一番天下；假如你看到血就会晕倒的话，最好打消做外科医生、屠夫或拳击手的念头。此梦想行不通的话，最好另做打算。

仔细想想你的专长和嗜好，如果你觉得自己一无是处，那是不可能的。当然，我们没有莫扎特的天才，也只有极少数人能像安得·瓦茨一样琴艺精湛，你很可能无法像斯蒂芬·金一样写畅销书，但是只要你能及时抓住适合自己的梦想，你就绝不会一事无成的。

让你的梦想成真

梦想是成功的必备前提，但有了梦想并不代表你就可以获得成功。梦想还需靠行动来实现。那么，如何才能够让你的梦想成真呢？

第一步：回答跟你自己有关的 3 个基本问题。

这 3 个问题如下。

(1) 我是谁？

也就是说，我有什么兴趣？我有什么特别才能？什么事情能带给我莫大的乐趣？诚实回答"我是谁"这个问题，可以让你明了你自己有什么特别的才能与优点。

我们每个人都有自己独特的特点。要先知道你是谁，然后才能回答接下来的第二个问题。

(2) 我想要什么？

你所认识的人当中，绝大多数的人对于他们的生活目标，以及究竟想要什么，只有模糊的概念。人们在早上起床，赶去上班，如此他们才能赚到足够的生活费用，所以他们才去工作。

追求生活成就的人在早上起床，努力工作，力求上进，而不是向下堕落。他们起床来享受生活，会晤有趣的人士，赚更多的钱，为他们所爱的人多尽一份心力，并且帮助其他人获得成功。

了解我们的生活目标是什么，这一点十分重要。起床后忙上 16 个小时，使我们能够睡上 8 个小时，这不是很好的生活，然而对几千万人来说，这却是他们生活的主要目标。

(3) 我如何达到生活的目标？

我们每个人都有自己的特点，每个人都有不同的生活目标。但是另外还有些指导原则，如果我们能够遵守这些指导原则，将可达到我们所追求的生活目标。

尽量取得你可能得到的训练与经验，使你有资格从事你所希望的工作。例如你希望成为一名伟大的推销员，那你就要找一个能够接受第一流培训与指导的工作。如果你想成为一名电脑专家、房地产估价师或心理学家，那你必须找一家这样的公司工作，使你能够获得那一行业的各种诀窍。如果你所服务的是一家二流公司，那么你所学到的也将是二流的方法和程序。

愿意牺牲奉献。所有成功人士都有一项共同点，那就是为了达到目标，愿意牺牲奉献。

有一位房地产销售商，某天下午，他谈到他如何成为这一行业的顶尖人物。

"这并不简单，但我还算有先见之明，踏入这一行业之初，我就按照指示去做。我在一家很著名的房地产公司找到了工作，当然，没有底薪，只是抽取佣金而已。真不好干，第一年所赚到的佣金大约只有一般公司职员薪水的1/3。但是我决心坚持下去，我喜欢房地产这一行业。

"我度过了最艰苦的日子。我逐渐从错误中吸取教训与经验，并且获得一些很好的指导。我所赚的佣金开始越来越多。然后，几乎是在突然之间，房地产市场崩溃了，这是因为利率高涨，缺乏现金，以及大众的恐惧心理所造成的。我的收入减少了75%。这种情况持续了3年之久。在那段期间，其他的房地产销售商纷纷转业，但我仍然继续替我的客户服务，我要让他们明白，我已经尽了全力替他销售房屋。

"最后，经济不景气的情况结束，房地产业又开始蓬勃发展，我的销售状况急剧上升。由此你可以看出，我在房地产不景气时做了很大的牺牲，收入大为减少，但我却创造了不少我所谓的'信心资本'。我在不景气时合作的一些开发公司，对我产生了信心，现在我终于有了收获，而且我的佣金收入高达二十几万美元。"

第二步：梦想细节问题，而不是包含一切。

在我们知道自己是谁，我们想要什么，以及如何达到这个目标之后，下一步就是弄清楚，我们所要的究竟是什么。人们在述说他们的梦想时，通常会这样说："我希望赚很多钱"、"我想找个更好的工作"、"我想拥有一个属于自己的事业，自己当老板"。这些问题的毛病就在于它们太模糊了。

"很多钱"究竟是多少？"更好的工作"究竟是什么？开创属于自己的事业，究竟是哪一种事业呢？明确定出梦想范围的人，要比那些对自己的梦想只有模糊概念的人，拥有更多实现的机会。如果你希望多赚一点钱，就要明确说出你计划在什么日期之前赚到多少钱。如果你的目标是获得更好的工作，那么请你详细描述一下你所希望的工作性质。如果你梦想开创属于自己的事业，请描述是哪一种事业，以及你希望在什么时候开展这项事业。

大多数人都有很多希望。做个创造性的梦想者吧——明确地知道自己所希望达成的是什么。

第三步：为你的梦想定一个实现的时间表。

这种梦想实现的要求在第二步中已有提示。当人们对自己正在从事的工作定下完成期限或时间表时，他们的工作就会完成得更快，更有效率。不久以前，有两个受过高等教育的年轻人，他们在电脑系统的设计上学有专长，并且决心开设一家咨询公司，替那些无法设计自己电脑系统的小公司提供服务。他们在每个周末计划他们未来的事业，连续计划了一年。第二年，他们仍然继续这样计划下去。一直到了第三年，他们方才获得结论，这方面的竞争太强了，所以他们只好放弃自己开设咨询公司的想法。

想想看，如果他们一开始就这样决定："我们将在每个周末计划，期限为一年（或6个月），然后开设自己的公司。"那么最后的结果将大不相同。

要实现梦想，唯有采取行动才能成功，光是无休止地计划如何行动，是无法使梦想实现的。

第四步：想象梦想已经实现。

实现梦想的方法有很多。如果你的梦想是获得一笔足够数目的收入，那就把这笔收入的数目写在纸上，然后把纸条贴在你车子的方向盘或浴室的镜子上——任何地方都可以，只要能够每天提醒你几次就行了。或者当你独自一人时，请大声地说出——同样，每天要进行几次——"今年我要赚100万元"。每天这样做，慢慢地，你的潜意识——神秘而万能的精神潜能——将引导你实现你的梦想。

第五步：对你的梦想做出完全的承诺。

有一项不为人所了解，而且也很少运用的心理学法则，这项法则是说，没有任何事情能够阻止一个完全投入的人实现他的目标。从另一方面来解释，这个法则的意思即是，如果你下定决心，愿意做必要的牺牲，并且一直提醒你努力实现目标，那么你将能够实现你的目标。

按照以上步骤行事，相信你一定会实现你的梦想。

莫让空虚扰心绪

你常有种说不出来的低落情绪吗？有时是你独自一人逛街时，突然感到这种情绪来犯，让你顿时对五光十色的街景失去了兴致。有时是跟一群人在一起，在大家天马行空之际，心底无端的浮起这种不舒服的感觉。每当这种情绪笼罩心头时，你觉得跟周围好像有层无法跨越的隔膜，感到了无生趣又有种沉沉的失落感。可是你又实在不了解这种情绪到底是什么？

也许，这时的你正走人自己的心理黑洞，看不见方向。这个心理黑洞，叫作"空虚"。

我们所经历的各种情绪中，就以"空虚感"最无以名状且捉摸不定。空虚感就像是心里面的黑洞，具有超强的吸力，一旦被卷进了黑洞，整个人也就被空虚感所缚。而你如何与空虚奋战呢？你甚至不知道该如何使力。这正是空虚让人束手无策的地方。常常是愈想去弄清楚，去克服这种虚无，就愈深陷其中。这就是空虚的特质，就算耗尽力气对抗，终究徒劳无功。要对抗空虚就要看清它的本质——就是不存在。这时如能转移注意力做些"实质"的活动，如逛街就认真挑选衣物、聚会时就专心与人谈话，都可有效驱走空虚感。至于常感到空虚的人，很可能是活得不踏实。有些人在生活中怀有不切实际的期望或目标，自己总是在生活中追寻些什么，而没有落实到生活本身。要挥别空虚感就要建立"务实不务虚"的生活态度，能"活在当下"的人，心中是不会有这样一个黑洞的。

空虚的心理，常来自对自我缺乏正确的认识，对自己的能力估计过低，终至整天忧郁，思想空虚；或是因自身能力和实际处境不同步，陷入"志大才疏"或"虎落平川"的窘境中，常常感到无奈、沮丧、空虚；或是对社会现实和人生价值存在错误的认识，以偏概全地评价某一社会现象或事物，当社会责任与个人利益发生冲突时，过分地追求个人的得失，一旦个人要求得不到满足，就心怀不满，导致失落困惑。

有人说，一个人的躯体好比一辆汽车，你自己便是这辆汽车的驾驶员，如果你整天无所事事，空虚无聊，没有理想，没有追求，那么，你就无法知道驾驶的方向，无法知道这辆车要驶向何方，这辆车也就必定会出故障，会熄火的，这将是一件可悲的事情。

时下，在街头巷尾常会听到这样的议论："算了，就这样吧，没啥干头了"，"事事不顺心，就这么混吧，不然还能怎么办"。不少人刚刚 40 岁，就感叹"好时光已过，自己不中用了"。

心理医生认为，精神和内心的空虚对人们的身心健康无益。空虚，是指一个人没有追求，没有寄托，没有精神支柱，内心世界一片空白。空虚，可因人们缺乏正确的自我认识、对自我能力估计过低所致，或由于自身能力与实际环境缺乏融合性，而感到无奈、沮丧、空虚。当一个人对自身价值估计有误，特别是当这种错误与现实生活发生冲突的时候，便很容易对外界事物作出以偏概全的评价。一个人过分计较个人得失，也很容易产生失落感、空虚感，以至于"万念俱灰"。当然，空虚感也常会在人们退休、下岗、工作受挫、投资失误、经济拮据时"乘虚而入"，扰人心绪，令人不知所措。

面对空虚的困扰，人们应该明白，人生在世不可能总是顺境。我们生活在五光十色的大千世界中，难免会有这样或那样的不顺心、不如意，会有各种各样令人头疼的棘手问题，也必然会有喜有忧、有得有失。一生都平平稳稳、一帆风顺，只是人们美好的向往而已。

人，要有点精神，要有所追求，要有些抗挫力。外面的世界很精彩，外面的世界很无奈，这就要求我们面对现实、面对生活，不以物喜，不以己悲，无论在什么地方，遇到什么问题，都应该沉着冷静，保持良好的心态，以实事求是的客观态度应对一切。人到岁数了，退休了，仍可以根据自己的实际情况发挥余热;单位不景气,下岗了,还可以重学技艺"东山再起";心中所爱的人挥手"拜拜"了,失恋了,分手后不妨提醒自己"天涯何处无芳草";股市暴跌,亏损了,更要稳定心态并坚信:大盘飙升终有时,"千金散去还复来"……

实际上,一个人只要有所追求并敢于直面问题、直面现实、直面挫折,就不会被困难吓倒,不会被沮丧和空虚长期困扰,并且能够从挫折和失败中吸取教训,总结经验,战胜空虚,重塑自我!

空虚会影响你的成功

在每个人的内心,失败的种子永远存在着,除非你介入其间将它作恶的轮子砸毁。

一个人体验到空虚之后,空虚就会成为他逃避努力、逃避工作、逃避责任的借口。

如果一切皆空,如果太阳底下没有新奇的事物,如果怎么也找不到乐趣,我们何苦自找麻烦?何苦竭尽心力?

如果人生就像一家纺织厂——我们每天工作8小时,只是为了要有一间能够睡觉的房子;每天睡眠8小时,只是为了要准备第二天的工作——我们又何苦兢兢业业?

但是,我们的人生并不是什么纺织厂,只要我们不再绕着它转圈子,选择一个值得奋斗的目标去追求,我们就能体验到乐趣与满足。

空虚象征着不合适的自我形象。一个人在心理上不可能接受不属于自己的东西,或不适合自己的东西。

不思追求、无所事事或不愿事事的空虚之人,将会长期怀着自我否定的心理趋向,而阻碍真正成功的达成,也将不能在心理上接受成功、享受成功。对于成功,他会觉得歉疚,仿佛是偷来的。因此,我们必须战胜空虚,走向成功。

战胜空虚

要战胜空虚，必须先了解产生空虚感和失落感的原因。

一种是：从某种相对紧张的生活环境到相对轻松的工作环境后，因事先对目前生活缺乏计划安排，一时不知做什么，感到很空虚。这种状态反映了某些人对生活缺乏长远安排的弱点。

另一种情况是：有些人好高骛远，事先给自己定出了过高的目标，如果在竞争中失败，随之便会气馁、消沉，从雄心勃勃走向另一个极端，觉得生活无味，失落感、空虚感也就油然而生。

这里没有尽列产生"失落感"、"空虚感"的种种原因类型。但其中的共同点应是与某些人尤其是年轻人思想尚不成熟，行为灵活多变、情绪易波动，自控能力较差等有关。

要排除空虚与失落，最重要的是明确自己的目标，然后一步步地去实现，用忙碌与充实来战胜空虚与失落。

不同的生活阶段有不同的生活目标，有人科学地制定了长期目标、中期目标、短期目标，并将此划分为必须做的、应该做的、做了可以得益的等。这样就可以在行动中有轻重缓急之分，每个时期都有适当的工作、生活内容安排，当然就少有空虚之感了。

当然，每个人在给自己定出不同的目标之前，应对自己有个恰当的了解，明确自己的兴趣点到底在哪里，各方面的能力状况及客观条件的成熟与否等。

因为一个适当目标是具有成功的极大可能性的，它可以让自己感受到奋斗中的酸甜苦辣，更有目标实现后的欣慰、快乐，亦增加了自信和勇气。反之，目标太低，不仅难以发挥自己的最大才能，而且会因太容易成功而沾沾自喜。

所以说，我们在年轻时有一段时间有"空虚"和"失落"感并非异常，关键在于及早明确问题所在，着力解决。应及早让自己拥有成熟的世界观以及明确的生活目标，并有为之努力的执着精神，如此一来定能充实起来。在年轻时就战胜空虚，那么以后空虚就不会再来困扰你了。

# 向拖延挑战

认识拖延

我们每个人几乎都做过拖延的事，把该做的事拖延下去。我们认为以后会有更多的时间来做它，或者认为这个工作在另一个时间做会变得容易点。但我们从未有更多的时间，而我们愈拖延，工作会变得愈难。

对有些人而言，拖延变成了一种生活方式。

一位工业界领袖曾说过，他本来要提升一个聪明的推销员。但是经过仔细观察，他发现"他从未完成过任何事。他的桌子摆满了未完成的报告，他的备忘录上全是应回的电话。"

听到他的话后，你是否意识到我们周围的许多人都有这种拖延的习惯。

拖延对你而言是多大的问题？只有你可以回答这个问题，因为只有你知道自己是否有拖延的习惯。何况，拖延这个问题只有你自己可以解决。

可以说，拖延是偷走你的时间的贼，它使你在做事情时总是觉得时间不够用。在这里，教你几个抓住拖延这个贼的方法。

(1) 找出你喜欢拖延的范围并征服它。

(2) 学习把事情排定先后次序，而且一次解决问题。

(3) 给自己订下截止日期。

(4) 不要回避最困难的问题。

(5) 不要让完美麻痹你，如果你拖延事情是为了使它更完美，那么你什么事也做不成。

拖延是一种很糟糕的习惯，它会抢劫我们的自尊和对其他人的尊敬，它耗费很多金钱，关掉了许多机会之门。

拖延不仅妨碍我们的事业，而且掠夺了我们的个人生活。本来要给在奋斗中的朋友一句鼓励的话，结果这话从未说出口；本来要说的赞美，结果也从未说出口；我们从未以行动来证明我们对某人的爱。拖延不但偷走

我们很多宝贵的东西，而且还偷走了本来可以给予别人的帮助。

拖延成性误大事

每个人的一生，都有着种种的憧憬、种种的理想、种种的计划，如果我们能够将这一切的憧憬、理想与计划，迅速地加以执行，那么我们在事业上的成就不知道会有多么的伟大。

然而，许多人往往有了好的计划后，却不去迅速地执行，而是一味地拖延，以致让一开始充满热情的事情冷淡下去，使幻想逐渐消失，使计划最后破灭。

高尚的理想、有效的思想、宏伟的幻想，往往是在某一瞬间从一个人的头脑中跃出的，这些想法刚出现的时候是很完整的。但有着拖延恶习的人迟迟不去执行，不去使之实现，而是留待将来再去做。其实，这些人都是缺乏意志力的弱者。而那些有能力并且意志坚强的人，往往趁着热情最高的时候就去把理想付诸实施。

每天都有每天的计划和打算，昨日有昨日的事，今日有今日的事，明日有明日的事。今日的理想，今日的决断，今日就要去做，一定不要拖延到明日，因为明日还会有新的理想与新的决断。

放着今天的事情不做，非得留到以后去做，其实在这个拖延中所耗去的时间和精力，就足以把今日的工作做好。所以，把今日的事情拖延到明日去做，实际上是很不合算的。有些事情在当时来做会感到快乐、有趣，如果拖延了几个星期再去做，便会感到痛苦、艰辛了。比如写信就是一例，一收到来信就回复，是最为容易的，但如果一再拖延，那封信就不容易回复了。因此，许多大公司都规定，一切商业信函必须于当天回复，不能让这些信函搁到第二天。

拖延的习惯往往会妨碍人们做事，因为拖延会消灭人的创造力。其实，过分的谨慎与缺乏自信都是做事的大忌。有热忱的时候去做一件事，与在热忱消失以后去做一件事，其中的难易苦乐要相差很大。

命运常常是奇特的，好的机会往往稍纵即逝，有如昙花一现。如果当时不善加利用，错过之后就会后悔莫及。

决断好了的事情拖延着不去做，还往往会对我们的品格产生不良的影响。唯有按照既定计划去执行的人，才能增进自己的品格，才能使他人景仰你的人格。其实，人人都能下决心做大事，但只有少数人能够一以贯之地去执行他的决心，并且也只有这少数人才能成为最后的成功者。

当一个生动而强烈的意念突然闪现在一个作家脑海里时，他就会生出一种不可遏制的冲动，提起笔来，要把那意念描写在白纸上。但如果他那时因为有些不便，无暇执笔来写，而一拖再拖，那么，到了后来那意念就会变得模糊，最后，会完全从他思想里消逝了。

灵感往往转瞬即逝，所以应该及时抓住，要趁热打铁，立即行动。

拖延有时会造成悲惨的结局。恺撒大将只因为接到报告后没有立即阅读，迟延了片刻，结果竟丧失了自己的性命。曲仑登的司令雷尔叫人送信向恺撒报告，华盛顿已经率领军队渡过特拉华河。但当信使把信送给恺撒时，他正在和朋友们玩牌，于是他就把那封信放在自己的衣袋里，等牌玩完后再去阅读。读完信后，他才知大事不妙，等他去召集军队的时候，已经太晚了。最后全军被俘，连他自己的性命也丧在敌人的手中。就是因为数分钟迟延，恺撒竟然失去了他的荣誉、自由和生命。

如果一个人身体有病却拖延着不去就诊，不仅身体上要受极大的痛苦，而且病情也可能恶化，甚至成为不治之症。

没有别的什么习惯，比拖延更为有害了。更没有别的什么习惯，比拖延更能使人懒怠、减弱人们做事的能力。要谨记：拖延成性误大事！

克服拖延

拖延是一种坏习惯，也是一种缺点。在人生或事业中，要想走在别人的前面，就不要等待"境况会发生好转"或"事物会自我纠正"而让自己生活在模糊的未来之中。要确信，这样的事情绝不会发生。事物总是趋于维持现状。把希望、幻想寄于未来，却又生活在情感的"拖延计划"之中，最终只能是枉费心机。如果你现在觉得拖延是成功疏远你的原因，那么，扪心自问，你是否经常这样告诫自己。

你承认你正在用这些想法阻止你采取行动吗？你认识到"希望"、"但愿"这样的字眼已构成你行动的障碍了吗？守株待兔不会使你的处境发生改变。事实上，你的惰性甚至会使你的感情瘫痪，无法做出重大的决定。

告诉自己："拖延已成为我实现目标的最大阻力。"然后让自己尽快行动起来。除非你促使事物发生变化，否则，一切会依然如故。

行动需要努力和冒险，而且还可能会遭到失败。但是，如果不去做的话，你当然可以避免危险和失败，但这样做又能达到怎样的目的呢？在你避免可能遭到失败的同时，你也失去了取得成功的机会。

你是"爱拖延"的人吗？不妨考虑下面的问题，看看你拖延的程度如何？

(1) 当你对工作或与同事关系感到厌倦或对住房不满时，你总是依赖朋友帮忙吗？

(2) 你总拒绝去做富于挑战的事吗？如节食、戒烟或是参加学习。

(3) 你总是拖延去做使人不耐烦的事吗？如打扫卫生、修车、洗衣服或写信。

(4) 你常常许诺进行一些有意义的活动，如度假或观光旅行，而从未履行过这些诺言吗？

(5) 当你面临艰巨的任务，或是要你当众表现你或你的技能时，你确实感到"怯场"吗？

认真审视这些问题，你会发现使你产生惰性的根源——拖延，而拖延则是因为害怕冒险。在生活中，拖延的缺点几乎纠缠着我们每一个人，只有肯花相当大的工夫，才能摆脱它的束缚。

但是，摆脱拖延也并不像人们想象的那样困难。你所要做的一切，就是要明确：不能等待明天或是明年，而是从现在做起。关上你正在看的电视，立即着手去写这学期的论文；搁下正在阅读的娱乐刊物，马上就拨你早就想打的电话；放下接近嘴边的那块蛋糕，现在就开始实施你的节食计划，不要再犹豫了。对于那些拖延成性的人，必须下功夫养成"从现在做起"的习惯。

许多人从来就没有意识到他们日常生活中拖延的缺点。所以，一旦要对长期目标进行规划时，他们便感到手足无措，甚至感情麻木。

有时，我们拖延是因为我们在生活中随波逐流。惰性常常使我们的生活成为漫无目标、一无所获的恶性循环。每当我们的抱负和梦想埋没于盼望、期待的灰烬之中时，我们便会失去对自己命运的控制。我们常常抱怨他人的妨碍或"无法左右的环境"使我们忙得焦头烂额，并以这种借口来使自己的拖延合情合理。殊不知，到了这种程度，我们对人对物的感情再也不属于我们自己了。

克服拖延，最有效的方法是做计划，将一时难以实现的目标分成可实现的几个部分，把大目标分成小目标。把小目标再划分成若干可以实现的段落。现在你所要做的就是采取实现小目标的第一步骤。

另外，克服拖延还必须"立即行动"。"立即行动"是成功者的格言，只有"立即行动"才能将人们从拖延的恶习中拯救出来。

向悲观挑战

容易悲观的人

悲观是人自觉言行不满而产生的一种不安情绪。它是一种心理上的自我指责、自我的不安全感和对未来害怕的几种心理活动的混合物。

悲观成习的人绝不是个"马大哈"，他没学会"马大哈"对人对己的做法，不会得过且过，也不能对人对己都马马虎虎，相反，他处事谨慎，处处提防自己行为不要出格。一旦有了行为的失误，总是害怕大难临头。同时，悲观的人也有很强的"良心"自监力，即使没有什么严重后果，他也决不饶自己。

容易悲观的人是与世无争的好人。他们心地善良，洁身自好，习惯在处世中忍让、退缩、息事宁人，常常是生活中的弱者，生性胆小、怯懦。他们不仅对自己的言行不检"负责"，甚至对别人的过错也"负责"。明明是别人瞪了自己一眼，他也会立即觉得是自己肯定做了不好的事。

极端悲观的人常用反常性的方法保护自己。越是怕出错，越是将眼睛盯在过错上。一句话会后悔半天，人家并未介意的事他也过于敏感。他对人际冲突极为恐惧，解决人际冲突的办法也很奇怪。自己的孩子被人家打了，他还跟着打自己的孩子，因为孩子给自己惹是生非。

与别人发生冲突，在对方恃强要挟之下，他会当众打自己耳光，以求宽恕。同时用这种办法来平衡自己的苦闷，"因为我该打，打了自己才心安理得"。

人们经常不自觉地用一种刀子来刻画自己的形象，"因为我是忠厚无能的人，所以我能忍气吞声，宁愿伤害自己也不指责对方"。这一形象一旦刻画成功，品尝"后悔"的苦酒就成为一种自我安慰的享受。习惯成自然，一事过后，不是寻求胜利的喜悦，而是寻觅不幸与失误。只有打破这种感情体验的习惯，只有不再沉湎于后悔体验，才能很有效地克服悲观情绪。

开朗人的特点是把眼光盯在未来的希望上，把烦恼抛在脑后。只有让更具有意义的事占据你的大脑，你的心才会亮堂一点。

有的人害怕行为失误会给自己带来危险，其实真正危险的不是危险本身，害怕危险的心理，比危险本身还要可怕一万倍。你如果在最担心害怕的时候，向自己大呼一声："我豁出去了！"可能就不那么担惊受怕了。培养洒脱、豁达的性格，会让你终身受益。

不要看不起自己的工作

无论你是普通职员、清洁工人，还是从事一些其他较累较脏的行业的人，都不要看不起自己工作。如果你认为自己的工作是卑微的、低下的，那你就犯了一个很大的错误。

罗马一位演说家说："所有手工劳动都是卑贱的职业。"从此，罗马的辉煌历史就成了过眼云烟。亚里士多德也曾说过一句让古希腊人蒙羞的话："一个城市要想管理得好，就不该让工匠成为自由人。那些人是不可能拥有美德的。他们天生就是奴隶。"

21 世纪的今天，同样有许多人认为自己是卑下的，觉得无脸见人。他们每天工作，却无法意识到工作的意义，只因生活所迫。这种轻视工作的人，只能是得过且过，甚至是在工作时提心吊胆，生怕遇见什么熟人，而让自己颜面尽失。

其实，工作本身没有贵贱之分，只要你诚实地劳动和创造，就没有人会贬低你的价值，关键在于你如何看待自己的工作。看一个人是否能做好事情，只需看他对待工作的态度。而一个人的工作态度，更是他本人干好工作的前提。试想，谁会指望一个态度不端正的人干出什么有价值的事呢？所以，了解一个人的工作态度，在某种程度上就是了解了那个人。

如果一个人轻视自己的工作，将它当成低贱的事情，那么他决不会尊重自己。而看不起自己的工作，备感工作艰辛、烦闷的人，他的工作自然也不会做好。当今社会，有许多人不尊重自己的工作，不把工作看成创造一番事业的必由之路和发展人格的工具，而视为衣食住行的供给者，认为工作是生活的代价，是无可奈何、不可避免的劳碌，这是多么错误的观念。

因此，我们千万不能看不起自己的工作，每个人的工作都是有价值、有意义的。一个看不起自己工作的人，实际是人生的懦夫，而往往也会因此产生悲观的情绪。其实他本来可以创造辉煌，结果却与成功失之交臂，这不能不说是人生的一大遗憾。

了解产生悲观情绪的原因

为何一个看起来正常、健康、聪明的人会背着悲观情绪的沉重负担呢？为了寻找答案，让我们先来看看心理学家的说法。

曾有一本心理学书籍写到，一般所谓的悲观情绪多半来自孩提时代——约 6 岁以前，而根本原因则多半源于父母对小孩的态度。

譬如：父母原本想生女孩，结果生出来的却是男孩，使他们十分失望；又如，如果你长得不似其他兄弟姊妹那般讨人喜爱，那么你可能就得不到父母的宠爱，且常成为家人责备、嘲弄的对象。相反的，太受宠也不好，因为过分溺爱会严重影响到你的独立判断能力。这些都是造成悲观的主要原因。

除了来自家庭的影响之外，在学校里，老师及同学们的态度对一个人的心理建设影响也颇大。例如：当你因为家境贫穷、衣服破旧，或父母只受过小学教育而经常遭到同学们冷嘲热讽，在你变得愤世嫉俗的同时，悲观情绪也附着在你身上而逐渐扩大。

你应该知道，目前使你困扰不已的悲观情绪其实就是从孩提时代延伸而来的，只有程度上的差异，并无实质上的改变。但小时候的你根本就不懂得什么是悲观，只觉得自己似乎与众不同，且常因此感到委屈而已。

现在的你可就不同，因为你已经长大成人，不再是小孩子了，而且你是个受过教育、有丰富生活经验的成年人，你必须为自己的行为负责，为什么你还要为过去的伤痕所痛苦呢？赶快靠自己的力量振作起来，努力去除内心的这层阴影吧！

赶走悲观

心理学家认为：一个人如果自惭形秽，那他就不会成为一个受欢迎的人；如果他不觉得自己心地善良，即使在心底隐隐地有此种感觉，那他也成不了善良的人；如果他不相信自己的能力，那他将永远不会是事业上的成功者。很难想象，一个缺乏自信心的运动员能够登上世界冠军的领奖台。正如拿破仑说的那样："默认自己无能，无疑是给失败创造机会。"从这个意义上说，树立自信心是战胜悲观的根本方法。心理专家在生活中发现，只要做到以下"4个正确"，就能克服悲观情绪，树立自信心。

(1) 正确评价自己。

每个人都有自己的弱点和短处，也都有自己的优点和长处。我们显然不能因为自己某一方面的能力缺陷就怀疑自己的全部能力。我们不仅要看到自己的不如人之处，还要看到自己的如人之处和过人之处，这样才能正确地与人比较。按照社会心理学上的归因理论，人们在日常生活中，常把失败得失归之于某种原因。许多人的悲观心理，实际上就是由于归因不当造成的。

(2) 正确表现自己。

悲观情绪往往是在表现自己的过程中，由于受到挫折，对自己能力产生怀疑。所以，除了正确评价自己以外，还要学会适当地表露自己的才能，对自己提出适当的要求。悲观是同失望形影相随的，或者说，悲观是在失望的基础上产生的。为什么自己会看不起自己呢？因为自己对自己失望透了，简直有些绝望了。人的失望情绪，又是同人对某件事情的期望程度相关的。事先的期望值越高，事后因结果不理想而产生的失望程度也相应越高。所以，我们无论做什么事情，都不能操之过急，也不能一下子要求过高。比如你没有在大庭广众面前发过言，第一次在许多人面前讲话，就不能把发言效果设想得很好。这样即使失败了，也不会过分失望。

心理学家建议，悲观情绪较强的人，不妨多做一些力所能及、把握较大的事情。这些事情即使很不显眼，也不要放弃争取成功的机会。任何成功都会增加人的自信，对于悲观的人来说，尤其如此。而且，任何大的成功，都蓄积于小的成功之中。只要循序渐进地锻炼能力，自信心就会取代悲观情绪，这是合乎逻辑的结果。

(3) 正确补偿自己。

补偿是人的天性。常言道"盲人耳聪"，说明失明的人，耳朵特别灵，以听补盲，就是这个道理。人不仅具有生理上的补偿能力，还可以进行心理上、才能上的补偿，当然，补偿应该是积极的。有的人自叹能力不如别人，却巴不得看到别人失败受挫甚至犯错误，这是一种幸灾乐祸，是一种消极补偿，当然是不可取的。

(4) 正确地面对人生。

每个人要学会看清事物的本质，乐观向上，对生活、前途充满信心。具有悲观心理的人总是过多看重自己的不利、消极的一面，而看不到有利、积极的一面，缺乏客观地、全面地分析事物的能力和信心。这就要求我们学会透过现象把握本质，而不被暂时的、表面的现象所迷惑。我们只要客观地分析自己有利和不利的因素，乐观向上，对前途充满自信心，并积极进取，就不会因暂时的挫折而产生悲观心理。

照照镜子，如果现在的你看起来有些悲观的话，快点赶走悲观，让自己充满自信吧！

向逆境挑战

认识你所处的逆境

身处逆境并不一定都是坏事，有时逆境能锻炼人，只有经历过风雨的人，才能锻造出坚毅的性格。

一位名牌大学毕业的大学生，被分配到一个经济效益不好的企业工作，后来又下岗了，他悲观失望，丧失了自信，感到自己没有前途，什么都不行，最后连与人谈话的勇气都丧失殆尽。后来，他与心理医生通了信，心理医生在信中对他的能力作了充分的肯定，并从正面进行诱导鼓励，指出如何重新在社会上找工作，如何勇敢地去表现自己，培养自信心，施展自己的才华。这个青年的自信被唤起了，精神状态发生了根本的变化，并决意去报考研究生。

现实生活当中，有许多类似于这位大学生的情况发生，你是否也有过这位求职不爽，而后又失业的大学生所处的境地呢？你是否也在焦虑和沮丧呢？看来，我们得先想想办法了。

许多心理健康专家认为，焦虑沮丧等情绪是因为自我形象和别人对你的看法有矛盾而造成的。因此，应努力改变自我认识。一旦找回了自我价值，压力就会减少，症状也就消失了。

其实，我们无论身处何种境地，都不要失去信心，不要妄自菲薄，一蹶不振。

美国青年阿伯特在费城开了家杂货店，由于经营不善，两年来负债累累，他好像一只斗败了的公鸡，没有信心和斗志。他想到堪萨斯城去找工作，突然间，有个没有双腿的残疾人从街的另一头走来，两只手用木棒撑着向前，他正微微提起小木棒准备登上路边人行道。就在那几秒钟，他们的视线相遇了，只见残疾人坦然一笑，很有精神地向他打招呼："早安，先生！今天天气真好啊！"阿伯特望着残疾人，这才体会到自己是何等富有，

自己有双腿可以行走，为什么自怜？一个缺了双腿的残疾人依然能够如此快乐自信，我这个四肢健全的人还有什么不能！于是他挺了挺胸膛回来了。结果经过一段时间的努力，小店不但还清了债，而且还盈利了。

阿伯特由于受充满自信的残疾人的启示，毅然决定重新回来经营自己的杂货店，终于扭亏为盈，使店铺重现生机。可见，自信是克服困难的强大动力。在成长的路上，总会遇到挫折、失败。当你身处逆境时，要有坚定的自信才对。

人本主义心理学家马斯洛鼓励人们要有自信心，把奋斗的目标定得高一些。他常常问他的研究生们："准备完成什么样的伟大著作或伟大任务？"要求他的学生们："假如你打算做个心理学家，那么是做个积极进取的，还是做个消极被动的？假如你不渴望写出伟大的第一流的作品来，那么谁来写呢？假如你故意偷懒，少花点力气，那么我警告你，你今后的一生都将不幸。"

让我们在社会这所大学里，在人生前进的风浪中不断经受磨炼和提高，随时准备着迎接逆境的挑战吧！

失败了，再爬起来，在逆境中锻造我们的坚毅。唯有这样，我们的希望才能变成现实，我们的付出才会有所收获。

在逆境中我们要自己激励自己，如果我们自己没有积极性，是不能调动别人的积极性的；我们自己没有信念，是不能使别人有信念的；我们自己没有冲劲，是不能使别人有冲劲的；我们自己没有前进的决心，是不能带动别人前进的。

个人的积极性会使一切都动起来。积极性导致行动，也调动起冲劲，而冲劲对于成功是无价之宝。例如，我们是否想过，要防止一个静止的火车头滑动，所需力量是多么小？我们只需在每个驱动轮前面放一块很小的木头，火车头就动不了。有积极性和有冲劲的人也是这样，人一旦行动起来，就能克服难以想象的障碍，就能冲出逆境。

坚强地面对逆境

我们必须学会坚强地面对逆境。失败谁都经历过，也许你的失败是因为你的心态造成的，消极的心态乃是造成失败的主要原因。你可能了解一些事实和普遍的定律，你可能懂得其中的许多东西，但是未能把它们应用于特殊的需要。你可能不懂得如何应用、控制或协调已知和未知的力量。

著名的心理学家威廉·詹姆斯指出，要使一个人真正努力确实很困难。他以"疲乏的第一层面"的说法来解释。通常人们经过短暂的努力之后会感到很疲倦，然后他会想半途而废。但是，上帝所赋予人的巨大精力绝不仅止于此。只要多努力一点，就可以多获取些能量，就像汽车的加速器一样，只要我们用力踩下去，便会产生巨大的冲力。人也是一样，只要我们多督促自己一些，便会得到惊人的效果。

你真想要具有战胜逆境的力量吗？你真想去试试看吗？如果你真的敢于去尝试，你就一定可以成功。这项法则适用于战胜各种逆境。

"一步一步慢慢往前走吧！"这就是尝试的含义。这意味着，一直坚持下去，直到问题解决为止。找到问题，努力尝试，再找出问题，坚持不懈，最终便能战胜逆境。

所以，倘若你身处逆境，你是全心全意去对付它？还是三心二意仅仅点到为止？你是否真诚而竭尽全力去解决？这句话无论重复多少遍也不嫌多：只要你能够坚强地面对，并且不断地一试再试，便能逐渐走出逆境。

应把逆境当做商机。戴高乐曾经说过："逆境，特别吸引坚强的人。因为他只有在拥抱逆境时，才会真正认识自己。"这句话一点也没错。

你自己努力过吗？你愿意发挥你的能力吗？对于你所遭遇的逆境，你愿意坚强去面对并努力去尝试改变，而且不止一次地尝试吗？只试一次是绝对不够的。需要多次尝试。那样你才会发现自己心中蕴藏着巨大能量。许多人之所以长期身处逆境只是因为未能竭尽所能去尝试，而这些努力正是成功的必备条件。

要想使自己能够坚强地面对逆境，学会积极性思考是非常关键的。人必须调整心态，直到否定思维转变成肯定思维为止。当著名公益人物马丁博士还是一个小孩子的时候，学校里有一位令他难忘的好老师。他常常会突然无缘无故地停下讲课，走到黑板前写下两个好大好大的字："不能"。然后转过头来，笑问全班同学：

"我们该怎么办？"

学生就会高高兴兴地对他说："把'不'字去掉。"

老师拿起板擦，把"不"字擦掉，"不能"就变成"能"了。每个人都需要这样的教导，每个人都必须随时提醒自己，把"不"字去掉，就只剩下"能"了。这就是每个人真正去想的方式，想自己远离失败。如果"不能"这个字在心中扎根，就会招致许多烦恼。

如果你常采取一种"不能"的态度，你会惊讶地发现，即使是很成功的事业，也会渐渐衰败。这就是当消极思想进驻每个人内心时所产生的影响。"每天都应该给脑子洒一点香波"，把消极思想所带来的灰尘污垢去掉，让每天都有一个愉快的开始，那么这一天里所有的事都会变好，你所面临的逆境也会离你而去。

学会坚强地面对逆境，再也不被逆境打倒，只有这样，才能接近你的成功目标。

摆脱逆境的困扰

人们身处逆境时，不应一味地选择逃避，而是应该勇敢面对它，认真分析它，使它的不利因素转化为成功的机会。

困苦与逆境并非完全不利，有许多成功者都成长于一个贫穷困苦的环境之中，但是他们最终还是克服和改变了自己的处境，最终获得了成功。无数事实证明，逆境有时正隐含着更大的成功因素，只要你用自己的毅力和精神加以克服，不利的因素就能转化为成功的种子。但现实生活中的一些人，一旦陷入贫穷，或遇到难处，他们要么怨天尤人、消极怠慢；要么羡慕别人，嫉妒别人；要么自怜自卑，缺乏自信，在别人面前抬不起头，说不出话。俗话说："穷不灭志，富不癫狂。"这句话应该作为现代人做人的道理，不管是穷人还是富人都应奉行。

贫穷困苦还能够在人的心志和能力方面起到一定的磨炼作用。当然，有的人生来贫穷，自己也无法选择，但有一点可以相信：凡是在困苦的环境中没有被击倒，奋发努力而成功的人，都会有百折不挠的韧性和坚持到底的毅力。逆境的一再磨炼，也提升和强化了他们的能力与见识。这正是一个人担负重大责任时的必要条件。

安逸舒适是每个人所追求的生活目标，但过于安逸舒适可能使人缺乏斗志。对于这一观点，应该辩证地看。当然，日子过得舒服不是坏事，你也应该力争让自己过上更好的生活，这样才是社会进步和人们生活改善的表现。但是，自古以来人们就懂得一个"居安思危"的道理，一个人如果缺乏危机意识，就不容易进步，赶不上时代的脚步，不能适应环境的改变，也就会被社会所淘汰。当他面对逆境时，也无法摆脱逆境的困扰，终究会在逆境中灭亡。

因此，在生活道路上的每个人都应该记住：如果你正在经历逆境，这并不完全是件坏事，因为"上天"要把重任交给你，他正在磨炼和考验你！让你有能力走过逆境，步入成功之门。

向压力挑战

勇敢地面对压力

当一个人脑海中装有太多的焦虑、烦恼时，就等于是一辆超载的卡车，它会停下来，直到你卸下一部分货物，才能重新启动。例如，在办公室跟同事处不好，回家后跟家人处不好，这些压力、这些情绪，其实跟你的工作并没有关系，但都全部被加到你的工作里面去。

对于这些人来讲，心理学家并不主张马上把他们原来的主题负载减少，要减少的是他们的垃圾负载。心理学家为一位处在焦虑中的女主管开了3个处方。

第一个处方是运动，因为运动可以刺激脑下垂体分泌脑内啡，使人的心情变好。

第二个处方是尽量表现出开心的样子。他告诉那位女主管每天进办公室前，都深深吸一口气，放松一下，令自己高兴起来，感觉自己的胸口松开，把眉毛扬一扬，振作起来，再走进办公室，并且要记得跟人打招呼。他解释，一旦你经常这样做，你的行为就会影响你的情绪，你的人也会变得比较快乐。

第三个处方就是笑。因为笑的时候可以产生内脏按摩。而且笑的时候，通常都会深呼吸，也会刺激身体产生令人舒服、愉快的分泌物。

几个星期下来，这位女主管真的有很好的转变，由于她保持运动，心情也变好了，也不再有辞职的念头了。

要勇敢地面对压力，还必须使自己学会宁静而乐观地思考。在第二次世界大战时，有位焦虑过度而病重的士兵向医生求助，医生了解他的情况之后，对他说："我要你把人生想成一个沙漏，上面虽然堆满了成千上万的沙粒，它们只能一粒一粒、缓慢平均地通过漏颈。你我都没有办法让一粒以上的沙粒通过瓶颈。每一个人都是沙漏。每天早晨，我们都有一大堆该办的事，如果我们不是一件一件慢慢处理，像一粒一粒沙粒通过漏颈，那么就可能对我们自己的生理或心理系统造成伤害。"

这个沙漏的比喻，点醒了这名焦虑的士兵，不但治好了他的病，战后他也依照这个思考方式来缓解生活中的压力。

日本的经营之神松下幸之助善于使用乐观的思考模式，这也成为他面对压力的最大力量。他在《松下静思录》中提到："有人常常对我说：你吃过不少苦头吧？我本身从来没有感觉到真正吃过什么苦头，因为从9岁到大阪当学徒至今，我一直保持着积极乐观的心态去工作。在大阪码头当学徒时，寒冷的早上，手几近冻僵，仍要用冷水擦洗门窗，或是做错事挨老板打骂，有时简直吃不消。但我随即转念一想，吃苦就是为了自己的将来能够过得幸福，痛苦反而变为喜悦了。从学徒时养成的乐观想法，给我带来许多终生受用的正面影响。例如经济不景气时，我仍不会叹气，反而以积极的心态认为，不景气正是改善企业体质的好机会。这样的看法和想法，不但有助于克服压力和苦恼，而且能丰富内心，使人每日过着积极的生活。"

应付压力的原则

现在有关压力及如何应付压力的文章愈来愈多，其激增速度有如野火燎原一般。当乘客登上飞机，总会有些教乘客如何处理压力的杂志；当你在报亭驻足浏览时，你会看见报纸的某个标题以粗黑字体写着："你可以除掉生活中的压力！"但当你急切地读完这些文章后，可能会感到有些失望。或许这些文章会对你有点帮助，但这份振奋不过是暂时的，其效果就好像脱敏药一样，没有真正的治疗效能。

我们认为在种种建议方法中，可归纳出3项基本主旨。

(1) 改变你对压力环境的观念。这种改变是可以通过不同形式进行的，借此帮助你对困扰自己的事情有一个新的看法。

(2) 练习放松的技巧。想象一个美丽的平原，平原的尽头是一座高山，峰顶覆盖着皑皑白雪，附近还有一条蜿蜒曲折的小溪，溪畔布满美丽的花朵。另外，尝试聆听一些抚慰人心灵的音乐，然后作一个深呼吸。一些丰富的视觉刺激都是属于这个范畴的。做一些运动吧，例如慢跑、游泳、踏自行车、散步、跳健康舞等都可以。

(3) 药物治疗。镇静剂能对中枢神经起作用，亦能使紧张的肌肉松弛下来，减低紧张的程度。

上述建议都是有帮助的。然而，除此之外，难道就别无他法吗？我们是否有其他的工具可用来应付压力？实际上，一些好的典籍中的亮光也能帮助你应付压力。这些亮光可总结为以下3方面。

(1) 向大师学习。

要知道大师的观点如何，首先必须要从压力的处境中退下来，然后将这处境和大师正确地放在一起。我们经常太接近那些导致压力的事情，从而使我们看不见大师的风范，亦不能正确了解问题。我们因为站得太近而见树不见林，压力似乎让我们在生活中把大师摒诸门外。

当你觉得自己深陷压力不能自拔时，不妨出外走走，仰视挂在漆黑天际的星星，面对浩瀚无垠的宇宙，你的心胸会慢慢开阔起来。你也会因此而渐渐忘掉压力。在一个电脑软件中，有这样一句话："谨记，这些都会过去的……"这句话时常提醒我们要把事情看得合乎中道。我们经常会忘掉一个事实，这就是今天看来极其重大的事情，10 年后，甚至是 10 天之后，可能已经变得无足轻重了。

那些导致压力重重的事情，在大师的眼里不过是一件工具，为的是要成就一些永恒而有价值的事。

(2) 你要有信心。

《新约·希伯来书》的作者说："我们的信心如同灵魂的锚，又坚固又牢靠。"作者以船为比喻，表示船只不用仰赖暴风的慈悲，皆因船只本身已被锚牢牢抓住，断不会翻沉——同样，人也并不是仰赖环境的慈悲，而是依靠自身的信心不断前行的。

当你靠信心在引致压力的混乱中保持镇静，即使你感受到暴风的影响，亦不致漂来荡去，被礁石摧毁。

坦白说，即使是大师，也从未说过假若我们有充足的信心，就能除去生活中的压力。他们会说你将要经历这些，正如耶稣所强调的："在世上，你们有苦难。"但信心会在我们有压力的时候，降临到我们当中，好像锚一样，赐给我们力量用来面对现实的人生。

(3) 在那些导致压力的处境中应用生活的原则。

如果你的压力是源于与某人有冲突——是你激怒对方，抑或对方反对你——你可以拿出勇气，与那人对抗，借此减轻压力。对抗，开始时或许有压力，却可以解除你以后长久的压力。

如何将压力转化为动力

压力是现代生活中很平常的一部分，我们每个人都有每个人的压力，忽略它，它就可能会成为你前进的阻力；接受它，并且积极地解决它，压力也将会变成动力。那么，如何才能使压力变成动力呢？

第一，要意识到一些压力是有益处的。它能提供行为的动机。例如，如果没有来自支付生活费用的压力，某些人是不会工作的。

第二，应当认识到，压力拖久了，将是很麻烦的、棘手的问题。

汤姆斯·荷马斯通过对压力所作的研究发现，造成压力的最大的原因是许多的"改变"同时发生，如果，"生活改变单位量"累积达到或超过300个单位时就意味着是"超载"。在他的衡量刻度中丧偶占100个单位，离婚占73个单位，分居占65个单位，结婚占50个单位等。

第三，越早辨明征兆越好。弗瑞德·史丹伯瑞在《生活》杂志上说："压力将引发许多疾病，诸如，癌症、关节炎、心脏和呼吸器官的疾病、偏头痛、敏感症，以及其他心理和生理上的功能障碍。"

其他的压力症状有：肌肉痉挛；肩、背、颈酸痛；失眠；疲劳；厌倦；沮丧；情绪低落；反应迟钝；饮酒过多；摄食过多或过少；腹泻；痛经；便秘；心悸；恐惧；烦躁。

第四，辨明症结所在。正如前面所提到的"改变"是造成压力的主要原因。生活中每天的烦恼的积累可以造成的"高压"远甚于一个单纯的创伤。正如一句谚语所说的："一些琐事搅扰我们，并且把我们送上拷问台；你可以坐在山上，却不能坐在针尖上。"

不管是什么导致了压力，找出它来才可以针对它做些什么。

第五，寻找可行的治疗途径。

（1）变压力为动力的出发点是减轻你的"负载"。80%的治疗可通过写下你所看重的和你所背负的责任来进行，然后设置轻重缓急的级别，放下那些不重要的。

（2）请记住：超人只存在于滑稽剧和影片中。每个人都有自己的局限，应认识、接受你自己的"有限"，并且在达到你的限度之前停下来。

（3）伴随着压力而来的有被压抑的感觉，找你所信赖的朋友或者心理辅导者来诉说你的感受，直接减轻你压抑的感觉，这有助于你客观、冷静地思考和计划。

（4）放弃改变你不能改变的环境。正像一个爸爸教育他那急躁的年少的儿子所说的那样："除非你意识到并且接受生活的残酷，问题才会变得简单。"学会适应生活，才会使我们成长并成熟。

（5）尽量避免重大的人生转变发生在你的单身时期。

（6）如果你对某人怀有怨恨，应及时解决造成问题的分歧，"生气不可到日落"。

(7) 用一些时间来休息和娱乐。

(8) 注意你的饮食习惯。当我们在压力之下时,我们常趋向于过量饮食,尤其是一些只会使压力增加的、无利于健康的食物。均衡地摄取蛋白质、维生素、植物纤维,这是减轻压力和其他影响所必需的。

(9) 参加一些体育锻炼,这能使你更健康,并且有利于消耗掉多余的肾上腺素,它能引发压力和伴随而来的焦虑。

(10) 变压力为动力的最根本的答案是:靠信念,并且与它对你每天生活的旨意相一致。

向失败挑战

失败是人生的转折点

失败并不可怕,只要你能够很好地看待失败,你就可以战胜它。

下面是一个人的简历。

22 岁:生意失败;23 岁:竞选州议员失败;24 岁:生意再次失败;25 岁:当选州议员;26 岁:情人去世;27 岁:精神崩溃;29 岁:竞选州长失败;34 岁:竞选国会议员失败;37 岁:当选国会议员;39 岁:国会议员连任失败;46 岁:竞选参议员失败;47 岁:竞选副总统失败;49 岁:竞选参议员再次失败;51 岁:当选美国总统。

这个人就是亚伯拉罕·林肯。许多人认为他是美国历史上最伟大的总统。但是却很少有人知道,他的成功是建立在一连串的失败之上的。的确,"失败"是个消极的字眼,但是不可避免,我们每个人在人生的道路上,都会或多或少地遇到它。

美国作家爱默生曾说过:"一心向着自己目标前进的人整个世界都给他

让路。"我们之所以害怕失败，就是在于我们从来就没有想过自己也可以成功，也可以站在万众瞩目的成功舞台上。我们应该认识，失败只是人生的转折点。

不要在心灵上被打败

人的一生是在不断失败中度过的。对于许多人来说，失败并不足畏惧，可怕的是你在心灵上被彻底打败了，而又未能体会真正的"教训"，反而一再重蹈覆辙，以致到最后落得无可救药。我们常说："胜败乃兵家常事，因此要胜不骄，败不馁。"而更重要的是要经得起失败，再重整旗鼓，开辟人生的另一个战场。

日本大企业家松下幸之助对此理念阐述得更加透彻，他说："跌倒了就要站起来，而且更要往前走。跌倒了站起来只是半个人，站起来后再往前走才是完整的人。"

日本三洋电机公司顾问后藤清一，曾在松下电器公司担任厂长，当时松下幸之助就给了他最好的教育机会。有一天，日本遭逢有史以来最大的台风，虽无人员伤亡，但工厂却接近全毁。后藤心想：好不容易迁到新厂，正想要全力生产、大干特干时，却遭此打击，老板心理上一定很沮丧吧！

松下是在台风即将停止之前赶到工厂的，此时不巧松下夫人亦身体不适而住院，他是探病后才赶来的。

"报告老板，不得了了，工厂遭逢巨变，损失惨重，我来当向导，请巡视工厂一趟吧！"后藤忧心忡忡地说。

"不必了，不要紧，不要紧。"松下回答。

"……"（彼此无语）。

松下手中握着纸扇，仔细地端详它，横看、纵看，神情异常冷静。

"不要紧，不要紧。后藤君啊！跌倒就应爬起来。婴儿若不跌倒也就永远学不会走路。孩子也是，跌倒了就应立即站起来，号哭是没有用的，不是吗？"松下说完掉头就走了，对工厂的灾难毫无惊恐失色之态。

俗话说："山不转，路转；路不转，人转。"我国古书《易经》上也说：

"穷则变，变则通。"西洋《圣经》上也有这样的记载："上帝关了这扇窗，必会为你开启另一道门。"的确，天无绝人之路，上天总会给有心人一个反败为胜的机会。

永不言败

在第二次世界大战后功成身退，生活立刻由绚烂归于平静的丘吉尔，有一回应邀在剑桥大学毕业典礼上致辞。那天他坐在首席上，打扮一如平常，头戴一顶高帽，手持雪茄，一副怡然自得的样子。

经过隆重但稍嫌冗长的介绍词之后，丘吉尔走上讲台，两手抓住讲台，注视观众后大约沉默了两分钟，然后他就用那种他独特的音调开口说："永远，永远，永远不要放弃！"接着又是长长的沉默，然后他又一次强调："永远，永远，不要放弃！"最后在他再度注视观众片刻后蓦然回座。

无疑地，这是历史上最短的一次演讲，也是丘吉尔最脍炙人口的一次演讲。

但这些都不是重点，真正的重点是你愿意听取丘吉尔的忠告吗？

时常听见有些人哀叹自己时运不济，无论什么事都不能如愿。

事实上，失败的真正原因在于他做任何一件事，一遇挫折就半途而废。继续接手他那份工作的人，却因自己不断的努力，反而获得圆满的结果。

永不言败和善于对失败进行总结是成功者的基本特征。在成功者的天地里不存在任何"应急解决办法"或免费午餐，唯有高度集中精力和坚持不懈的品格才能克服通往成功之路上所遇到的曲折和危机。

尤其是在将愿望转变为财富的过程中，毅力更是一个不可缺少的因素。那些拥有毅力的人通常被认为冷血或无情。这是一种误解。事实上，他们是具有坚强意志的人，他们在大多数人轻易地放弃自己的目标时，坚持了下来，所以他们比大多数人更接近最后一次失败之后的成功。

只有少数人能从经验中得知坚忍不拔精神的正确性。这些人承认失败只是一时的，他们依靠坚定的意志而使失败转化为胜利。我们站在人生的轨道上，目击绝大多数人在失败中倒下去，永远不能再爬起来。对此，我们只能总结说，一个人没有毅力，那他在任何行业中都不会取得成就。

在 1990 年的第 14 届世界杯足球赛中，德国队过关斩将，金杯在马特乌斯、克林斯曼等每一位战将手中传递，那情景历历在目。可时隔 4 年，昨日英雄豪气顿成明日黄花，固然，足球运动有运气、有偶然，但最终胜负的还是属于技术、战术、意志和毅力各方面综合的最优者。绿色球场，其实也就是人生战场的缩影，只是足球用它那特有的最激烈、最浓缩的方式，让人体悟角逐和生存的真谛，进而领悟我们自己的人生。每个球迷几乎都忘不了1994 年德国队输给保加利亚队那一情景，名将克林斯曼双手捧着球衣，衣衫捂住了半个脸。想着先前那驰骋球场时的飒爽英姿，每个人都会为他霎时的惨烈而难过。可惜啊，可惜，以克林斯曼为首的德国队失败了！其实，仔细想想，捧杯的只能有一个队，绿茵场上的英雄们，如斯基拉齐，达赫林，斯托伊科夫等，我们谁又能忘记他们拼搏的身影呢！就这一点来说，奥林匹克"重在参与"的精神是深入人心也是至高无上的。我们的事业、我们的人生也是这样，在竞争社会里，当然不会忘记胜利，但是，我们也不该忘记失败，不该蔑视失败，对一个为事业奋斗倾其能、尽其力的参与者来说，他们的失败推动了整个事业前进，所以虽败亦荣，他们的精神亦能恒传千古，流芳百世！

亨利·福特说："失败能提供你以更聪明的方式获取再次出发的机会。"其实，伟大的牛顿、爱迪生，尚且还有失败的时候，何况平凡的你我。况且，从某种意义来说，人没有失败，就没有成功，甚至于个人要是没有大失败，就没有大成功。你去问问成功的人，他们可以肯定地告诉你，他们经历的失败比你想象的还要多得多。其实，他们之所以现在成功，就是因为以前积累了太多太多的失败。只是他们不怕失败，耐心而又细致地研究失败的原因，然后，一步一步地把它们解决，最后才取得了胜利。

对许多伟人来说，他们更是输得起、经得住失败的英雄。例如刘邦，他和项羽的战斗，几乎是屡战屡败，最惨的时候，连老婆都当了项羽的俘虏。但是，他输得起，屡败屡战，终于在垓下一战，用了韩信的十面埋伏计，把项羽打败了。

总之，失败并不可怕，面对失败要保持积极的心态，看到自己具有足够的力量。一位学者指出，对失败保持健康的心态应当把握以下 4 条原则。

(1) 每个人都会面临困难。挣扎奋斗的人，遇着失败的危险，努力拼搏，有烦恼，取得成功的人，固然带来喜悦，但经验证明，抵达终点的人，往往比那些正在奋斗的人，反而还有更多的烦恼，因此，人人都有烦恼。一种没有烦恼的生活，根本是一种幻想和自欺欺人的说法，追求这种没有烦恼的生活，只有徒耗生命而已。

(2) 每个难题都会对你产生影响。你能够控制自己的反应，你却不能够控制潮流的趋势和避免厄运。但是你能够决定自己的态度。你的反应能够使你遭遇的痛苦更加剧烈，也能使它立刻减轻，当你控制了问题对你的影响。你的反应是关键所在，你的反应使你可以变得更坚强或软弱。

(3) 每个难题都有转机。任何问题都隐含着创造的可能。问题的产生是成功的发端和动力。问题的产生总是为某一些人创造机会。一个人的困难可能就是另一个人的机会。要抓住机会，促成转机。

(4) 每个难题都会过去。月有阴晴圆缺，人有旦夕祸福。没有人能一生一帆风顺，任何人都会遭逢厄运。可是烦恼一定会有结束的时候，难题总会随时间推移，被我们解决。

坚持就是胜利

成大事不在于力量的大小，而在于能坚持多久。有一句谚语：99 次失败，到第 100 次获得成功，这就叫作坚持。坚持在于不间断地努力。

你也许对落下来的水滴不屑一顾，然而，当你看到它能把坚硬的石头滴穿时，你能无动于衷吗？你肯定会信服，但你不一定能实行。

你可能常常怨恨自己技不如人，但你想过其中的原因吗？静下心，回顾一下你学习和工作的历程，你是不是有这样的缺点：没有把某项事情漂亮地干完，做事常常半途而废，这是成功的大忌。伏尔泰告诉我们说："要在这个世界上获得成功，就必须坚持到底；剑到死都不能离手。"因而，请记住：只有坚持才能获得成功。其实有时候，你所从事的事业并不是十分困难，它需要的多半是你的恒心。

生活中，很多人工作起来贪多图快，总想一举成功。这是一种可怕的暴发户的心理。事实上，多数工作需要的是人的耐心。你一点一滴地去做，才能稳稳当当地获得工作的成果。否则，经常会陷入一种尴尬的境地：不甘心放弃，但又没精神前进。一般来说，达到一个终点总比停留在迷途中好，生活往往不容许我们有半点迟疑。

有一次，有人问小提琴大师弗里兹·克赖斯勒："你怎么演奏得这么棒，是不是运气好？"他回答："是练习的结果。如果我一个月没有练习，观众就能听出差别；如果我一周没有练习，我的妻子就能听出差别；如果我一天没有练习，我自己就能听出差别。"

坚持不懈便意味着有决心。当我们精疲力竭时，放弃看起来更好。但成功者却忍耐住了。如果问一问取得成功的运动员，就会发现他们忍受了痛苦并完成了他们所开始的事情。很多失败者都有一个很好的开端，但却没有产生任何结果。

除非你放弃，否则你不会被打垮。伟大的希腊演说家德谟克利特因为口吃而害臊羞怯。他父亲留给他一块土地，想使他富裕起来，但当时希腊的法律规定，他必须在声明土地所有权之前，先在公开的辩论中战胜所有人才行。口吃加上害羞使他惨败，结果丧失了这块土地。从此他发奋努力，创造了人类空前的演讲高潮。不管你跌倒多少次，只要站起来，你就不会被击垮。

虽然失败，但只要继续坚持，继续努力，你就会成功。

"菲亚特"是"意大利都灵汽车制造厂"缩写的译音。90年的创业史，历尽了艰辛坎坷，菲亚特从小企业到大企业，从国内到国际，靠的就是坚忍不拔的精神。

菲亚特的创始人老阿涅利在都灵办厂时，许多大名鼎鼎的经济学家嘲笑他，说什么"汽车只是少数贵族人家的奢侈品，没有前途"。但老阿涅利却毫不动摇，坚持办厂。

如今，有2000多万辆汽车在亚平宁半岛上奔驰，更多的车辆行驶在世界的各个角落，事实证明了老阿涅利的远见。乔瓦尼·阿涅利在继承了家业的同时，也承袭了他祖父这种坚忍不拔的奋斗精神。20世纪70年代初期，西方爆发了能源危机，汽车工业更是首当其冲。乔瓦尼在严峻的现实面前探索道路，勇于开拓，针对能源短缺，绞尽脑汁研制低耗油车；针对市场萎缩，千方百计降低生产成本，最终，菲亚特战胜了危机，渡过了难关。

坚持是解决一切困难的钥匙，它可以使人抓住一切成功的商机；它可以使人们在面临大灾祸、大困苦时发现万分之二的希望，坚守商机；它可以使贫苦的青年男女去开创自己的未来，并发现成功的商机；它可以使纤弱的女子担当起家中的负担，维持家庭的生计；它可以使残疾人能够挣钱养活衰老的父母；它可以使人们发现新大陆，挖掘自身更大的潜力。

如果你现在没有发现商机，你不妨问一下自己：我坚持了吗？

第十部

迈向巅峰

提炼自《迈向巅峰》（［美］齐格·齐格拉著）

【关于本书】

1975 年出版以来，仅美国国内便售出 200 万册。2000 年再版，以此来纪念此书出版 25 周年。

【点亮心灯】

1. 人们不可能漫无目的地溜达到珠穆朗玛峰的峰顶，如果你不具体规划自己何去何从，你就无法前往任何地方。

——《迈向巅峰》

2. 在到达巅峰之前，我碰到了无数的障碍，跌倒了，然而我一次次坚强地爬起来，迈步上去。每前进一步，我的勇气就增加一分；每爬得高一点，我的眼界就开阔一些。

—— 海伦·凯勒

和发明大王一起迈向巅峰

发明大王爱迪生 1847 年降生于美国俄亥俄州的米兰镇的一个农民家里，他的父亲是一个少言寡语的木匠。从小，爱迪生就经常提出一些莫名其妙的问题来，把本来就嘴笨的爸爸问得哑口无言。好在他的妈妈是一个教师，每到这个时候，妈妈总出来给他解答。

有一天，他看见自己家的老母鸡一天都待在窝里不出来，于是赶紧跑去问妈妈："妈妈，我们家那只黄色的老母鸡为什么老是趴在鸡蛋上呢？"

"那是鸡妈妈用自己的体温给蛋加温，最后小鸡就会从蛋里钻出来。"

听到这里，爱迪生忙从家里厨房拿出几个鸡蛋匆匆忙忙地走了，到了吃饭的时候妈妈也没有看见爱迪生回来，于是妈妈便到处去找他，结果在一个草垛边上发现了爱迪生。

"孩子，你这是在干什么呢？"

"妈妈，我在孵小鸡呢！"

原来爱迪生把刚才从家里拿出来的鸡蛋放在自己的怀里，正在学着鸡妈妈的样子在孵小鸡呢。"妈妈小声点，别惊着小鸡。""傻孩子，这样是孵不出小鸡来的，得用专门的鸡蛋，而且鸡妈妈必须把这些蛋孵上 20 多天才行。"

爱迪生 7 岁的那年，全家搬到了密歇根州休伦港，在那里爱迪生入学读书了。

爱迪生很喜欢有美丽迷人风景的密歇根州休伦港，但他不喜欢那位死板的恩格尔老师。因为这个恩格尔先生喜欢把课本里的知识往学生的脑子里灌，每天上课的时候，他总是一手拿着书本，一手拿着教鞭。谁要是回答不上问题来，他就会用教鞭打你一下，有的时候他甚至还会扯着你的耳朵不放。爱迪生总是用问题打断老师枯燥无味的讲解。

"老师，1 加 1 为什么会等于 2 呢？"

"这个，这个……"对于这个只知道书本里东西的恩格尔先生来说，当然不知道为什么。于是同学们便佩服起爱迪生来。尤其是他把那位死板的老师问得支支吾吾的时候，同学们总是高兴不已。

但因此恩格尔先生也就非常讨厌爱迪生了。

有一天，恩格尔先生又被爱迪生的问题给问住了。

"爱迪生，我看你是故意跟我捣乱，给我滚出去！"结果爱迪生被赶出了教室，回到家里，爱迪生把自己被恩格尔先生赶出教室的原因讲给妈妈听，妈妈来到学校找到了恩格尔先生。

"恩格尔先生，您作为一个老师应该了解学生的心理。"

"我只管教书，我不管学生的心理！"

"那你这样教孩子，怎么会教得好呢？"

"你的孩子，不管我怎么教，他也学不会的。我不愿教这样的学生。"

妈妈一气之下，就让仅仅读了3个月的爱迪生退学，并亲自担任爱迪生的老师。妈妈经常给爱迪生讲文学、历史，传授科学知识，爱迪生在妈妈认真的讲解下学得非常快。妈妈觉得自己的孩子有强烈的求知欲，还和爱迪生一起动手在地窖里建起了一个小实验室。爱迪生一有空闲，总喜欢往他的实验室里跑。

有一天，爱迪生看到书上说气球可以飞上天，他想如果人的肚子里充满气以后，是不是也可以飞上天呢？

他想到这里，便从家里找来发酵粉，配了一包药粉，然后去把他的小伙伴召集来。

"米杰利，你想上天吗？我这里有上天的药，你只要吃了就可以上天了。"

哪个小孩不想上天？于是米杰利把爱迪生配制的药粉吃了下去。不一会儿，米杰利并没有上天，反倒抱着肚子在地下乱滚起来。

"唉哟！疼死我了！"

爸爸和妈妈听到叫声吓得赶紧跑下地窖。

"你这是干什么？"父亲看着满地打滚的米杰利，大声地问爱迪生。

"我让他吃了一包发酵粉，他就这样了！"

父母亲赶紧把米杰利送往医院，经过医生的处理米杰利才有所好转。

爱迪生还不死心地拉着米杰利的手说："如果你再坚持一会儿，你就可以上天了！"

"傻孩子，人与气球是不一样的，今后可不能再这样了。"妈妈一边看着天真的爱迪生一边说道。

后来由于家庭穷困，爱迪生 12 岁那年便在火车上当了报童。每次等到火车到达终点时，他便会溜到当地的青年协会图书馆去读书。而回到家后，他又跑到自己家地窖里的实验室去做实验，后来为了有效利用时间，爱迪生干脆在行李车内安了一个实验室，每次报纸一卖完，他就抓紧时间做实验。

有一天夜里，火车在高速行驶，而爱迪生还在专心致志地做他的实验。突然火车猛一个转弯，一只放有磷块的玻璃瓶子从桌上滚了下来，磷块在滚动中摩擦起火了。爱迪生看着大火，慌忙地脱下衣服来想把火扑灭，但一切都太晚，顿时行李车里浓烟滚滚。

"快来人啊！着火了！"

等到大火被扑灭，列车长查出是爱迪生闯的祸后，给了爱迪生两个耳光，并把爱迪生开除了。

后来爱迪生又在一个小站上找到了一份卖报的工作，有一天，一节混合列车上的货车脱了钩，不远处一个小男孩正在铁轨上玩耍。这个小男孩看着突然出现的货车吓蒙了，他站在原地一动不动地看着货车一步步地向他逼近。

看来一场灾难就要在小男孩的头上降临了，这时，正在卖报的爱迪生一个箭步冲了上去，他一把抱住男孩，翻身滚下了路基。货车从他们身旁呼啸而过。

小男孩的父亲是这个车站的站长，他为了报答爱迪生，愿意把收发电报的技术教给爱迪生，发报技术在当时来说，是十分先进的，爱迪生很快学会了这门技术，也是这门技术使爱迪生踏进了科学发明的门槛。

由于爱迪生的刻苦钻研，他除了在留声机、电灯、电话、电报、电影等方面的发明和贡献以外，在矿业、建筑业、化工等领域也有不少著名的创造和真知灼见。爱迪生一生共有约 2000 项发明创造，因此而获得了"发明大王"的称号。

和旅馆巨子一起迈向巅峰

只要提起"希尔顿"三个字，人们很自然地就会联想到那豪华舒适的大饭店。谁都知道康拉德·希尔顿是世界旅馆业的巨子，在世界各地的大都市里，都可以看到耸入云霄的希尔顿大饭店。他所创立的国际希尔顿旅馆有限公司，现在在全球已拥有 200 多家旅馆，资产总额达数 10 亿美元，每天接待数十万计的各国旅客，年利润达数亿美元，雄踞全世界旅馆业排行榜的榜首。

然而，谁能想象希尔顿开始涉足旅馆业时，手头只有 5000 美元呢！那么，康拉德·希尔顿是怎样发迹的？他成功的诀窍是什么呢？

这位驰誉天下的"旅馆业大亨"晚年在他的自传中，揭开了他发家的奥秘："你必须怀有梦想。我认为，完成大事业的先导是伟大的梦想。""我所说的梦想和空想是截然不同的。空想是白日做梦，永远难以实现。梦想也不是人们所说的神的启示。我所说的梦想是指人人可及，以热诚、精力、期望作为后盾，一种具有想象力的思考。"

康拉德·希尔顿正是在一个个伟大梦想的激励下，白手起家，矢志不移，一步一步地登上事业的巅峰，最终创立了全球性的旅馆业王国。

1904 年，年仅 17 岁的希尔顿在父母的支持下，开始独立经商。然而，好景不长。1907 年，美国发生了经济恐慌，一夜之间，希尔顿一家陷入了困境，入不敷出，家中仅剩下一间堆满货物的五金商店。为了摆脱危机，他们把货物尽快处理掉，腾空房子开办了"家庭式旅馆"。父亲当总管，母亲做饭菜，而希尔顿和弟弟卡尔责无旁贷地担负起揽客的任务。希尔顿这种经历为他日后经营旅馆业提供了很好的锻炼机会。

希尔顿一家惨淡经营的这家小旅馆总是摇摇欲坠，时时面临破产的威胁。对于年轻气盛的希尔顿来说，开旅馆并非他当时的理想。他的第一个伟大梦想是开一家银行，当一名风度翩翩的银行家，坐在银行大厦经理办公室的转椅上，处理着大笔大笔的金融业务。

他充满自信地告诉父母，他要做一名银行家，要在里奥格兰河流域建三四家银行。首先从故乡开始，第一家银行就命名为新墨西哥州圣·安东尼奥银行。1913 年 9 月，他把这项计划付诸实施。他东奔西跑，好不容易筹集到自组银行所需的 3 万美元资金。可事情并非一帆风顺，在第一次股东会议上，希尔顿遭到排挤，一个敌视他的 70 多岁的老头子被推选为董事长。在父亲的帮助下，希尔顿终于在一年后反败为胜，重选了一位董事长，希尔顿自己也当上了副董事长。这家圣·安东尼奥银行，在希尔顿的经营下，业务取得很大进展，2 年后资金已达 13.5 万美元。

1917 年，美国卷入了第一次世界大战，希尔顿应征入伍。这场战争中断了他做银行家的梦，改变了他的未来。1919 年，他的父亲遇车祸身亡，希尔顿退伍回家。

希尔顿干起了父亲留下的小本买卖。当银行家的梦想重又在他心中泛起，但他已没有了银行，手头只剩下 5 000 美元的积蓄，梦想怎么成真呢？

"我如何重整旗鼓？"希尔顿向母亲请教。

这是一位坚强而有远见的母亲，她严肃而又坚定地对儿子说："康尼！你必须找到你自己的世界。与你父亲一起创业的老友曾经说过：要放大船，必须先找到水深的地方。"

于是，希尔顿带着他的梦想，只身闯进了因发现石油而兴盛的得克萨斯州，那里云集着大批来发石油财的冒险家们。

这里似乎遍地都是黄金。钻油的工人穿着皮靴，套着金光闪闪的裤子，好像不久的将来，他们都将是百万富翁了。

希尔顿迫不及待地连续跑了两个城镇，问了十几家银行，但得到的回答都是不卖。他碰了一鼻子灰，却并未因此气馁。他又来到第三个城镇——锡斯科。

锡斯科这片热情的土地拥抱了希尔顿。他刚下火车，走进当地第一家银行，一问，就被告知它正待出售。卖主不住这儿，要价是 7.5 万美元。希尔顿一阵狂喜：价格公道！他立即给卖主发了份电报，愿按其要价买进这家银行。

然而，没过多久，卖主的回电却出尔反尔，将售价涨至 8 万美元，而且不讨价还价。希尔顿气得火冒三丈，当即决定彻底放弃当银行家的念头。他后来回忆道："就这样，那封回电改变了我一生的命运。"

在碰壁之后，希尔顿余怒未消地来到马路对面的一家名为"莫布利"的旅馆准备投宿。谁知旅馆门厅里的人群就像沙丁鱼似的争着往柜台挤，他好不容易挤到柜台前，服务员却把登记簿"啪"地一合，高声喊道："客满了！"

接着，一个板着脸的先生开始清理客厅，驱赶人群。他毫不客气地对希尔顿说："请离开客厅，8 小时后再来碰运气，看有没有腾空的床位，因为我们这里每天 24 小时做三轮生意的。"希尔顿憋了一肚子气，但忽然灵机一动地问："你是这家旅馆的主人吗？"对方诉起苦来："是的。我就是陷在这里不能自拔了。我赚不到什么钱，还不如抽资金到油田去赚更多的钱呢。""你的意思是，"希尔顿压抑住自己的兴奋，故意慢条斯理地问，"这家旅馆准备出售?""任何人出 5 万美元,今晚就可以拥有这儿的一切,包括我的床。"旅店老板下定了卖店的决心。

3 个小时后,希尔顿在仔细查阅了莫布利旅馆账簿的基础上,经过一番讨价还价,卖主最后同意以 4 万美元出售。希尔顿立即四处筹借现金,终于在一星期期限截止前几分钟将钱全部送到。莫布利旅馆易了主,希尔顿干起了旅馆业。他随即给母亲打电报报喜:"新世界已经找到,锡斯科可谓水深港阔,第一艘大船已在此下水。"

当天晚上,莫布利旅馆全部客满,连希尔顿的床也让给客人住下了。他只好睡在办公室里。希尔顿虽然曾在"家庭式旅馆"中做过招揽顾客的小职员,但真正悟出经营旅馆业务的一些原则,并逐步迷上这一行业,却是在他当上莫布利旅馆的老板之后。

莫布利是个小旅馆,往往因客人过多而无法安排。希尔顿经过不断思考和摸索,对它进行了有效的改造,把客房隔成一个个小房间,增加了 20 多个床位;又把大厅的一角辟为一个小杂货铺。这种修改给旅馆增加了一笔可观的收入。希尔顿由此悟出了经营旅馆业的第一个原则,即"装箱技巧",把有限的空间巧妙地加以利用,使旅馆的土地面积和空间产生最大的效益。他后来又称这个原则为"探索黄金"原则,意思是要使旅馆的每一寸地方都生出"金子"来。

接着,希尔顿又在旅馆经营管理中引进了军队中的团队精神,即荣誉感加上奖励,把旅馆的经营好坏和每一名员工联系起来,并直接和经济效益挂钩,从而大大激发了员工的工作热情。团队精神成为希尔顿经营旅馆业的第二个准则。

随着莫布利旅馆的经营成功,希尔顿又与人合伙买下了华斯堡的梅尔巴旅馆、达拉斯的华尔道夫旅馆。希尔顿的旅馆业开始蒸蒸日上。

在又购买了几家二手的旅馆之后,希尔顿产生了厌倦感,他内心萌发出一个更伟大的梦想,要建造自己的新旅馆。他对母亲说:"我要大刀阔斧地干一场。第一件事,我要集资 100 万美元,盖一座名为希尔顿的新旅馆。"

此时,希尔顿手头只有 10 万美元,凭自己盖一座投资 100 万美元的新旅馆谈何容易!但他决心冒这个风险。他看中了达拉斯市中心的一块地,经过谈判以每年租金 3.1 万美元、租期 99 年,租下这块地产;接着又以这块地产作抵押筹集贷款。多位好友也向他伸出了援助之手。

1925 年 8 月 4 日,"达拉斯·希尔顿大饭店"终于落成,并举行了隆重的揭幕典礼。不久,希尔顿和玛莉在圣三一教堂,举行了简单的结婚仪式。

随着家庭生活的美满和事业的新进展,希尔顿又开始了新的冒险。1926 年的一天,玛莉见他看报时在发愣,便问他怎么回事。希尔顿指着报纸上一大堆地名说:"我要在这些地方都建起旅馆,一年开一家。"果然,到了 1928 年圣诞节,即希尔顿 41 岁生日这一天,这些梦想都一一实现了,并且速度大大超过了一年一家旅馆的计划。除达拉斯外,在阿比林、韦科、马林、普莱恩维尤、圣安吉诺和拉伯克都相继建起了希尔顿饭店。

希尔顿的梦越做越大。他成立了希尔顿饭店公司,把所有的连锁店统一起来。他决心向更广阔的世界去扩展。作为这项计划的第一步,就是在西部大城市埃尔帕索建造一座希尔顿大饭店。1929 年秋天的一天,他宣布在该城中心"拓荒者广场"开始建造一家耗资 175 万美元的大饭店。

雄心勃勃的希尔顿怎么也没想到,他正面临着一场空前的大灾难。

19 天后,纽约股票市场全面崩溃。全美国顿时陷入大萧条的困境之中。经济大恐慌像瘟疫一般向西部袭来,正处于事业巅峰的希尔顿感到自己正坠向深渊。尽管如此,埃尔帕索的希尔顿大饭店还是在 1930 年 11 月 5 日建立起来。

然而盛大的开幕典礼一过,接踵而来的是无情的打击。萧条时期,人们极少出游,商店的货物也无人问津,失业人数日益增多。美国大部分旅馆都破产倒闭了。希尔顿尽管长袖善舞,使他的 8 家旅馆保全了 5 家,却也陷入资金周转不灵的困境。

他又开始四处奔波,从一个城市跑到另一个城市,能借的钱都借了,运气仍然不佳。1931 年成为他一生中最悲惨的一个年份。至此,希尔顿几乎破产,家人和同僚们的安身之处也操在他人手中。

1932 年底,美国的经济仍没有起色,希尔顿回到埃尔帕索的希尔顿大饭店,准备以此为新的起点。之后,几个月的生活就像一场梦魇。他跑遍得克萨斯州,希望筹到 30 万美元以使事业起死回生。

就在他濒临绝望的时刻,奇迹发生了。7 位仍然对希尔顿充满信心的亲友各自掏出了 5000 美元,其中 6 位是亲自把支票送来给他的。有一张支票上签的名字是"玛莉·希尔顿",那是他的母亲!为了助儿子一臂之力,这位伟大的母亲倾其所有。这样在第二天,他把筹到的款送到债主的手里,一度落入他人名下的埃尔帕索希尔顿大饭店重又物归原主了。

之后，希尔顿借到 5.5 万美元。他孤注一掷，投资石油。他清楚，如果成功，数字将翻番；如果失败，他将再次一无所有。希尔顿把仅剩的 8 角 8 分钱装进口袋，在借据上签了字。上帝没有辜负他，在往后的 3 年中，正是这个油矿为他付清了所有的欠款。

1936 年，希尔顿拥有的旅馆又恢复到了 8 家。1937 年夏天，希尔顿来到旧金山，看上了一家名为"德雷克爵士"的旅馆。这家旅馆高 22 层，有 450 个房间，还有一个价值 30 万美元的豪华夜总会。老板正急于将这家旅馆出手。希尔顿不失时机地筹集资金，在 1938 年 1 月将"德雷克爵士"饭店买了下来。1939 年，他又买下了长堤的"布雷克尔斯饭店"。这几次成功的收购，并没有使希尔顿满足，反而更加激发了他的梦想。

希尔顿想要得到世界上最大的饭店——芝加哥的史蒂文斯大饭店。他特地在 1939 年年底亲自去调查了一下这家饭店。它拥有 3000 个带卫生间的客房，宴会厅一次可接待 8000 位来宾，饭店里还有小医院，可做急救手术。尽管当时它的拥有者毫无售出的意向，但希尔顿一直暗中关注着它的动向。1945 年，机会来了，希尔顿与史蒂文斯饭店老板经过 3 次讨价还价，终于以 150 万美元买下了这家饭店。不久，他又以 1940 万美元的巨款买下芝加哥另一家最豪华的饭店——帕尔默饭店。

永不满足的希尔顿又把自己的目标瞄准了纽约，瞄准了被誉为"世界旅馆皇后"的华尔道夫大饭店。这家饭店位于纽约巴克塔尼大街，共有 43 层，2000 多个房间，曾接待过世界上许多国家的国王、王子、皇后、政府首脑和百万富豪，堪称世界上最豪华、最著名的饭店。

早在 1931 年，希尔顿第一次在报刊上看到这座刚落成的大饭店的照片时，就为之倾倒。他把这张照片剪下来，在它下面写上"饭店中的佼佼者"这几个字。当时他正处于极度困难的境地，但始终将这张照片揣在皮包里或压在办公桌的玻璃板底下。这是他梦寐以求的理想之物，他发誓一定要弄到手。经过 18 年的努力，希尔顿终于如愿以偿。在 1949 年 10 月 12 日那天，这家饭店终于属于他所有了。

庆祝晚宴后，希尔顿站在华尔道夫饭店的天井里，仰望耸入云霄的大厦，沉浸于忘我的境地。抚今忆昔，他彻夜未眠，不知不觉地站到了天明。难怪希尔顿后来提起这件事，总是感慨地说："收购'华尔道夫'，是我生命中的一个转折点。"

1954 年 10 月，希尔顿再接再厉，用 1.1 亿美元的巨资买下了有"世界旅馆皇帝"美称的"斯塔特拉旅馆系列"，这是一个拥有 10 家一流饭店的连锁旅馆。希尔顿成功地做成了这笔交易，是旅馆业历史上最大的一次兼并，也是当时世界上耗资最大的一宗不动产买卖。

希尔顿兼并了更多的旅馆后，成了名副其实的美国旅馆业大王。这时，他的目光已超出了美国，而放眼世界旅馆事业，成立了国际希尔顿旅馆有限公司，将他的旅馆王国扩展到世界各地。

在伊斯坦布尔、马德里、波多黎各、哈瓦那、柏林、蒙特利尔、开罗、伦敦、东京、罗马、雅典、曼谷、香港……一座座希尔顿饭店巍然耸立。"希尔顿"已遍布全球，除南极之外，几乎各地都有。希尔顿的事业跃上了新的巅峰，成了"世界旅馆大亨"。

和石油大亨一起迈向巅峰

洛克菲勒是有史以来的第一位亿万富翁，美国最著名的企业王朝的创建人。他是美国历史上最具争议的企业家，是一个有创见、令人难忘的人物。人类商业史上至今还保留着这位石油大亨书写的传奇。

约翰·戴维森·洛克菲勒，1839 年出生于美国纽约州的里奇福德镇。他们这个家族是 18 世纪从德国举家移民到美国的。洛克菲勒的父亲比尔是个行为不端的假药贩子，这使他的家庭一次次搬迁，日子过得很不安定。1853 年初，洛克菲勒一家搬到俄亥俄州一个草原小镇，第二年，15 岁的他进了中心高中，同学们叫他"约翰·D"（因为他在作文里这样署名）。洛克菲勒是一个超群的辩论家，阐述自己的观点时头头是道。他有个密友叫马克·汉纳，后来成为国会参议员兼共和党领袖；另一个朋友叫达尔文·琼斯，他们成了少年时代的三剑客。

洛克菲勒迷恋上了音乐，他甚至一度想当音乐家。1855 年，15 岁的洛克菲勒花了 40 美元在福尔索姆商业学院克利夫兰分校就读 3 个月，这是他一生中接受的唯一的一次正规的商业培训。16 岁时，洛克菲勒开始面对艰难时世，他翻开全城的工商企业名录，仔细寻找知名度高的公司。每天早上 8 点，他离开住处，身穿黑色衣裤和高高的硬领西服，戴上黑领带，去赴新一轮的预约面试。他不顾一再被人拒之门外，日复一日地前往——每星期 6 天，一连坚持了 6 个星期。当时克利夫兰的人口大约为 3 万。洛克菲勒说，他把列入名单的公司走了一遍之后，又从头开始，有些公司甚至去了两三次，但谁也不想雇个孩子。可是洛克菲勒是那种倔脾气的人，越是受到挫折，他的决心反而越坚定。

18 岁时，他从父亲手中以一分利贷款 1000 美元，与克拉克合作成立了克拉克—洛克菲勒公司，主要经营农产品。战争需要大量的农产品，可以说，是美国的南北战争把 20 多岁的嗅觉灵敏的洛克菲勒变成了一个富人。像其他富人一样，他每年花 300 美元雇人替他打仗，而他却紧紧抓住战争给自己带来的重大商机，积累了雄厚的资本，为今后的发展奠定了坚实的基础。

战争给洛克菲勒创造了发展的新天地，而战后的经济繁荣又给充满活力、机警敏锐的他带来了无数的商机。他仅以 4000 美元的投资与他人合作成立了石油公司，这位资本家从此一头撞进了黑金之河，财富从油井里喷涌而出，源源不断。1888 年，洛克菲勒公司设立了它的第一个海外分支机构——英美石油公司，很快垄断了英国的石油生意。两年后洛克菲勒公司又在不来梅成立了德美石油公司，负责德国的市场。他在鹿特丹还建了一个石油输送站，签了一个向法国供应全部所需原油的合同，买下了荷兰、意大利石油公司的部分股份，并策划在印度进行一场激烈的价格战。

无与伦比的商业才智使他在短期内创建了美国最有实力、最令人生畏的垄断性企业——美孚石油公司。这个被众多文人称为"章鱼"的托拉斯企业所提炼和销售的石油，几乎占当时美国同类产品总产量的 90%，创造了美国历史上一个有关财富的神话。

美孚石油公司还向欧洲派出了第一艘装载量为 100 万加仑（一种容积单位）的巨型蒸汽油轮。到 1890 年，美孚石油公司为了抢亚洲的生意，甚至屈尊代销俄国煤油。它终于在亚洲设立了一系列营业所，并且向上海、加尔各答、孟买、横滨、神户和新加坡等地派去了一批代理人。此时美孚石油公司已拥有了 10 万名员工，洛克菲勒创立的这个石油帝国成了世界上最大、最富有的融生产与商业为一体的机构。

1895 年，56 岁的洛克菲勒开始不露声色地逐步隐退，把事业交给他的儿子小约翰.D.洛克菲勒。1937 年 5 月 23 日,洛克菲勒去世,享年 98 岁。

和汽车巨人一起迈向巅峰

有人说，汽车巨人福特的成功，在于他非凡的想象力。

亨利·福特生于 1863 年 7 月 30 日。父亲威廉·福特年轻时当过铁路工人，后来回到迪尔本从事农业、放牧和种植工作。福特从小就被父亲逼着干活，但他十分厌恶使用锄头，更讨厌养鸡和挤牛奶，从而导致了他终生不吃牛奶和鸡肉的习惯。

在 7 岁那年，福特被父亲送进了离家里比较近的一所学校学习，在学校里他只有算术成绩还勉强过得去，其他各科成绩几乎在全班倒数第一。但他却对机械非常感兴趣，后来弄得只要家人看见他放学回家，就立即把手表藏起来，免得被他拆得凌乱不堪。家里买回的新农具，一不注意就被他肢解成一堆零件。在他称为"秘密武器"的床边小柜子里，整齐地摆放着钻孔机、锉刀、铁锤、铆钉、锯子、螺栓和螺丝帽。

1870 年的一个冬天里，在底特律火车站，福特第一次看见了火车头，因为好奇，所以他大胆地向列车长提出要坐一坐驾驶座，感觉一下坐火车的滋味。列车长看着福特可爱的样子，竟然破例地把他抱上了火车头，并且为他开动火车。那一年他只有 7 岁多一点。

上小学的时候，福特就更是胆大了，他常常做出一些人们想象不到的事情。有一次，福特在学校制造小蒸汽引擎，结果发生爆炸，他的嘴唇被割破，一个同学的头部受重伤，学校的栅栏也被震倒。

16 岁那年，福特独自一人离开家乡到底特律去当学徒。他先来到一家工厂，但进厂仅 6 天就被开除了，因为他修好了那些工人无法修理的机器，所以导致了许多工人对他不满。接着，他只好找到了另一家黄铜厂，在那里他学习造门阀、汽笛和钟，6 个月后他又辞职了，原因是他已经把这里的技术全都学会了。后来，他又进入底特律一个造船厂工作，在那里他对蒸汽内燃机发生了极大兴趣。工作之余，他就去摆弄蒸汽机的构件，并思考着把庞大的蒸汽引擎改制成小型的以适应小型工厂的需要。两年后，他离开了船厂，回到家乡，开始尝试着汽车的发明工作。

有一次，他在妻子的风琴乐谱背面画了一幅内燃引擎设计图，画完后他兴奋地大喊："我设计出汽车构造了！"就是这张乐谱后的草图日后成了福特 T 型车的引擎设计图。

1890 年，可以说这是福特最关键的一年，这一年他来到了底特律的爱迪生照明公司修理蒸汽引擎，还担任了火力发电机部门的工程师。在此期间，他利用全部休息时间开始试制汽车，终于在 1896 年 6 月 4 日，制造出了第一辆四轮汽车。

当汽车被从一个废弃的煤仓里推上大街时，天空开始下起了毛毛细雨，但还是引来了无数人的围观。

当福特着手试制第 2 号汽车时，底特律市市长梅贝利等人便出资成立底特律汽车公司，福特成为公司的总工程师，从此福特汽车便昂首进入了工业化生产的时代。

1903 年，福特成立了以他自己名字命名的汽车公司，先后推出了 8 种车型的汽车，汽车的汽缸从 2 个增加到 6 个，动力由 6 千瓦（约合 8 马力）增加到 30 千瓦（约合 40 马力）。

1908 年 10 月，福特研制的 T 型车问世了。T 型车连续生产了 19 年，共 1500 多万辆，创下汽车销售的空前纪录，为福特汽车公司赢得了巨额利润。20 世纪初，福特公司终于成为世界最大的汽车公司，福特家族也成为美国最大的垄断资本财团之一。